10일 수학

중등편

중등편

반은섭 지음

10일 수학

집중적으로! 빠르게! 전체를 장악한다

바다출판사

집중적으로 빠르게
중학교 수학 전체를 장악하라

중학 수학의 눈을 틔우는 10일

중학교 전 학년 수학 교과서를 열어 보면 수많은 개념들과 문제들이 쏟아져 나옵니다. 학교나 학원에서는 수학 교과서나 참고서의 모든 내용을 처음부터 끝까지 차근차근 공부하지요. 많은 학생들을 지켜보면, 두꺼운 수학책의 앞부분만 열심히 보고, 그다음부터는 손을 놓는 경우가 허다합니다. 산더미처럼 쌓인 수학 개념과 문제 들에 곧 흥미를 잃기 때문입니다. 전혀 다른 새로운 수학 학습 패러다임으로 바꿔야 합니다.

이 책은 중학교 수학 공부를 앞두고 있거나 이미 길을 떠나

'수학 여행'을 하고 있는 친구들이 가장 빠르게 수학과 만나는 비법을 담았습니다. 가장 근본적이고 핵심적인 중학교 수학 내용이 담겨 있는 베이스캠프이자, 수학 공부에 지칠 때 잠깐씩 숨을 돌리고 쉴 수 있는 따뜻한 쉼터이기도 합니다.

이 책은 중학교 전 과정에서 다루는 핵심 내용과 문제들을 단 10일 만에 간파할 수 있도록 엮었습니다. 참고서에 있는 수많은 문제풀이는 조금 미뤄두셔도 됩니다. 이 책은 예습을 하고 싶은 학생, 복습을 하고 싶은 학생, 총정리를 하고 싶은 학생 모두에게 유익할 겁니다.

개념을 연결해 수학의 숲이 보이는 10일

제가 학교에서 학생들을 가르치면서 가장 많이 쓰는 단어가 연결입니다. 수학은 모든 개념이 실타래처럼 연결되어 있습니다. 이 책 《10일 수학 중등편》의 원리가 바로 연결입니다. 모든 수학 문제는 한 개 이상의 수학 개념과 연결되어 있습니다. 뿐만 아니라 다른 문제들과 해법이 연결되어 있으며, 수학이나 과학의 역사를 비롯한 타학문과도 연결되어 있습니다. 그러나 교과서나 참고서는 다채로운 수학의 연결을 모두 담아내지 못합니다. 수학적 발견의 논리가 대부분 생략되어 있습니다. 수학사의 한 장면이 들어가면 참 좋을 것 같은데 이야기에는 관심이 없습니다.

　융합해 다루어야 할 개념도 교과서의 다른 단원으로 분리해놓았기 때문에 학습하는 시기가 다릅니다. 예를 들어 방정식, 함수, 그리고 도형을 전혀 다른 시기에 공부합니다. 하지만 수학 개념은 모두 연결되어 있기 때문에 함수나 도형을 학습하면서 방정식 개념을 활용해야만 합니다. 뿐만 아니라 수학 개념을 이해하면서 고대 그리스 수학자들이 했던 고민들과 발자취를 더듬어보고 르네상스 이후에 발전한 수학과 과학을 함께 생각해볼 필요도 있습니다. 훌륭한 수학 선생님이 계시다면 그분께 놀랍고도 감동적인 수학 이야기를 들어도 되지요. 하지만 여건이 되지 않는다면 이 책을 들고 있는 것으로 충분합니다.

　저는 수학을 가르치고 있는 교사이자, 최근까지 10여 년간 학문으로서 수학교육을 연구해온 학자이기도 합니다. 제가 수학교육을 전공하며 대학원 석사과정과 박사과정에서 주로 연구한 분야는 '문제 해결에 관련된 심리학'입니다. 평소 공부를 열심히 하지만 시험 점수가 잘 나오지 않는 학생들이 있습니다. 이 친구들과 이야기를 나누다보면 공통적으로 발견되는 특징이 있습니다. 공부한 내용들을 하나의 연결망으로 집중해놓지 못한다는 것입니다.

　학습 방법을 조금 바꿔주면 이 학생들의 성적이 많이 오릅니다. 얼마나 오래 공부했는지가 중요한 것이 아닙니다. 기억에 쌓여 있는 수학 지식과 개념의 분량보다는 지식이 어떻게 구조화되어 체계적으로 정리되어 있는지가 훨씬 더 중요합니다. 연결된 지식을 하나의 덩어리로 집중시켜야 합니다. '연립방정식의 해'와 '직선의 방정식' 그리고 '일차함수의 그래프'를 따로 학습하지 말고, 하나의 연결망으로 집중해야 합니다.

하루 한 편, 수학의 진수를 느끼는 10일

이 책은 여기저기 흩어진 중학교 수학의 개념과 맥락을 모두 연결해 10개의 강의로 묶었습니다. 각 강의마다 중학교 수학의 핵심 개념, 핵심 문제를 만날 수 있습니다. 각 학년의 다른 단원의 내용은 물론이고 때론 각 학년의 모든 과정에서 나오는 수학 개념이 연결되어 있습니다. 뿐만 아니라 타 학문의 지식이나 긴 역사를 자랑하는 수학사의 여러 장면들이 융합되어 있습니다. 교과서나 참고서의 순서대로 공부할 때는 알 수 없는 수학의 진수를 하루에 한 편씩 느껴보기 바랍니다.

이 책의 백미는 생각의 마중물을 제공해준다는 것입니다. 보통 우리는 수학을 공부하면서 '어떻게' 문제를 푸는지에 관심이 많습니다. 잘 정리된 알고리즘을 통해 답이 나오면 그만이지요. '왜' 그런지 그 이유는 몰라도 크게 상관없습니다. 하지만, 맥락은 모른 채 답만 구하는 기계적인 계산만 하다 보면 이내 수학에 흥미를 잃게 됩니다. 너무도 당연하게 받아들이고 있는 수학 개념이나 문제 해결의 절차를 보다 근본적으로 생각해봐야 합니다. 방정식의 활용 문제를 풀면서 왜 미지수를 x로 놓아야 할까요?

이 책의 어딘가에 그 답이 나와 있습니다. 이미 문제가 풀렸다고 먼저 가정하는 것입니다. 그리고 그 수를 찾아 여행을 떠나는 것이죠. 절대로 변치 않는 진리가 있나요? 수학에서는 불변량이라고 합니다. 평면 삼각형의 세 내각의 크기를 합하면 180도입니다. 직각삼각형 세 변의 길이의 관계를 나타내는 피타고라스의 정리나 삼각비역시 불변량입니다. 수시로 변하는 세상 속에서 찾을 수 있는 불변의 가치를 수학에서 찾을 수 있습니다. 이 책을 읽으면서 수학을 더 새로운 관점에서 생각해보기 바랍니다.

초등학교 수학은 잔잔한 호수입니다. 작은 배를 타고 노를 저어여기저기 다니면서 스스로 수학을 즐길 수 있습니다. 그러나 초등학교를 졸업하고 중학교에 올라가면 수학 파도가 거세게 출렁이는 바다로 나가야 합니다. 넓고 깊은 수학 바다에서 수학의 핵심 개념과 문제들만을 간추려 짧은 시간에 먼저 훑어본 다음에 복잡하게 얽혀 있는 중학교 수학을 장악하십시오. 떨리는 마음으로 '수학 여행'을 하고 있는 여러분이 어디에 있든, 매 순간 이 책이 든든한 길잡이가 되어줄 것입니다.

싱가포르 부킷티마 자연공원에서
반은섭

책은 어떻게 구성되어 있는가?

수학에는 여러 하위 분야가 있습니다. 대수algebra, 기하geometry, 함수 function, 확률probability, 미적분calculus과 같은 분야입니다. 학교 수학 은 각 영역의 내용들을 쉬운 것부터 점점 심화시켜 다룹니다. '대수' 영역의 방정식을 예로 들면, 1차 방정식은 중학교 1학년 과정에 있 고, 연립방정식은 중학교 2학년 과정에서, 2차 방정식은 3학년 과정 에서 학습합니다. 이 책은 한 권에 중학교 전체 과정의 핵심 내용을 담았습니다.

　가능한 한 학년 순서에 맞게 각 장을 배치했기 때문에 1장부터 10장까지 순서대로 읽는 것이 좋습니다. 다만, 한 장에 중학교 전 학 년 과정이 모두 나오는 경우도 있습니다. 아직 배우지 않은 학생들 은 예습 삼아, 이미 배운 학생들은 복습 삼아 활용하시기 바랍니다.

모든 장은 강의식으로 이루어져 있으며, 크게 네 부분으로 진행됩니다.

첫째, '들어가며'라는 도입부에서는 강의로 들어가는 문을 열며, 강의를 통해 우리가 공부해야 할 핵심 내용을 개관합니다.

둘째, 수학 교과서에서 제시된 최소한의 지식과 개념을 학습합니다. 때론 교과서에는 없지만 잠재력을 키우는 데 적합한 조금 깊은 수학 지식을 '한 걸음 더 나아가기'로 소개합니다.

셋째, 수학 지식 및 개념을 바탕으로 엄선된 좋은 수학 문제를 소개합니다. 수학 문제 해결 방법을 궁리해볼 수 있습니다. 문제 해결을 통해 문제 해법의 중요한 단서가 되는 수학 발견술을 정리합니다.

넷째, 수학 개념과 지식을 들여다보고, 우리의 감성을 자극할 수 있는 이야기를 전합니다. 이는 각각 복잡한 수학 문제와 인생의 문제를 해결하기 위한 잠언이자, 통찰입니다.

무엇보다 이 책에 제시된 '수학 발견술'을 수시로 읽어 마음에 새겨두고 필요한 순간에 사용하십시오. 전쟁에서 승리하는 데 필요한 전술을 정리한《손자병법》이 있다면, 수학 시험을 잘 보기 위한 전술, 더 나아가 복잡한 인생 전술을 정리해놓은 이 책이 여러분의 손에 있습니다. 전시에는 공부하거나 책을 볼 시간이 없죠. 미리 외워둔 병법을 곧바로 써야 합니다. 수학 시험에서도 마찬가지입니다. 시험 시간은 곧 전시와 마찬가지입니다. 수학 선생님들이 문제를 보자마자 칠판에 거침없이 푸는 것처럼 전시에는 머릿속에 기억된 수학 발견술들이 문제 해결을 위한 강력한 무기가 될 것이라 확신합니다.

이 책은 중학교 수학 전 과정의 내용 중에서 꼭 필요한 핵심 개념과 문제들을 다루었습니다. 독수리가 상공에서 숲을 바라보듯이 중학교 수학 전체를 개관하고 필요한 부분이 있으면, 교과서나 참고서를 더 찾아보는 방식으로 이 책을 활용할 수 있습니다.

혹시 고등학교 수학을 미리 보고 싶나요? 여러분의 수학 여행길에서 확실한 가이드가 되어줄 《10일 수학 고등편》을 참고하십시오. 함수와 방정식은 물론 우리가 살고 있는 공간과 기하의 이야기들이 아름답게 펼쳐져 있답니다.

목차

이 책을 관통하고 있는 세 가지 원칙입니다.

원칙 1) 수학 지식을 간단하고 심플하게 공부한다.
원칙 2) 최소한의 핵심 문제 풀이를 통해 더 많은 문제로 확장하고 적용할 수 있도록 한다.
원칙 3) 수학을 삶에 적용해 수학의 가치와 흥미를 느끼게 한다.

모든 내용과 문제를 나열해놓은 교과서나 참고서에 대한 대안으로 가장 기본적인 지식을 학습하고 (원칙 1), 학습한 내용을 중심으로 한 엄선된 핵심 문제 풀이를 통해 또 다른 문제 풀이에 확장하고 적용할 수 있는 수학 발견술을 터득하는 것입니다(원칙 2). 그리고 수학을 우리 삶에 적용해 수학의 가치와 흥미를 느끼게 하는 것이죠. 수학이 우리 삶과 어떻게 관련이 되는지 알 수 있으므로, 학교를 졸업하고 사회생활을 하게 될 학생들에게 든든한 자산이 될 것입니다(원칙 3).

소인수분해

복잡한 문제를 가장 작은 단위로 쪼개라

소수는 아무것도 보태지 않은 본래의 자신이라는 뜻이다.
즉 1과 자신 이외의 숫자로는 나눌 수 없는 정수. 2, 3, 5, 7, 11, 13… 이런 소수는
밤하늘에 빛나는 별처럼 한없이 존재한다. 나는 여기 '독립자존', 여러분 한 명 한 명과 같이
유일하다. 무엇과도 타협할 수 없이 깨끗한, 고고함을 지켜나가는…….
— 영화 〈박사가 사랑한 수식〉 중에서

들어가며

'우리가 사는 이 세상은 무엇으로 이루어졌을까?' 이 질문은 고대로 부터 현재까지 이어져온 인류의 근본적인 질문 중 하나입니다.

고대 그리스의 철학자였던 엠페도클레스Empedocles(기원전 490?~ 기원전 430?)는 불, 물, 공기, 흙의 네 가지 요소가 결합해 물질을 만든 다고 주장했습니다. 오늘날 우리는 모든 물질이 수소, 질소, 산소, 탄소와 같은 원소들로 이루어져 있다는 것을 알고 있습니다.

원소는 물질을 이루는 기본적인 구성요소입니다. 현재까지 발견 된 원소는 모두 120여 개입니다. 아마 과학실에 가보면, 벽면 어딘 가에는 원소 주기율표가 붙어 있을 겁니다.

곱셈의 관점에서 보면 소수는 자연수를 이루는 원소와 같은 개념입니다. 우리가 볼 수 없는 작은 원소들이 물질을 구성하는 것처럼, 1보다 큰 모든 자연수는 소수들의 곱으로 유일하게 나타낼 수 있습니다.

인류는 이미 오래전부터 소수를 연구해왔습니다. 고대 그리스의 수학자 유클리드Euclid(기원전 325?~기원전 265?)는《원론Elements》의 제 9권에서 소수가 무한히 많다는 것을 보였습니다. 그 후로 레온하르트 오일러Leonhard Euler(1707~1783), 카를 프리드리히 가우스Carl Friedrich Gauss(1777~1855), 베른하르트 리만Bernhard Riemann(1826~1866) 같은 당대 최고의 수학자들이 소수와 관련된 큰 업적을 남겼습니다.

소수는 자연수를 구성하는 기본 원소이기도 하며, 현대 사회에서 개인정보 보호를 위한 암호 제작에 사용되기도 합니다. 지금부터 소수 탐험을 떠나보겠습니다.

수학 교과서로 배우는 최소한의 수학 지식

소수와 합성수

소수와 합성수는 중학교 수학 교과서 첫 단원에 나오는 개념입니다. 1보다 큰 모든 자연수는 소수나 합성수 중 하나입니다.

(1) 소수

1보다 큰 자연수 중에서 1과 그 수 자신만을 약수로 가지는 수

  (예) 2, 3, 5, 7, …

(2) 합성수

1보다 큰 자연수 중에서 1과 그 수 자신 외에 또 다른 수를 약수로 가지는 수

  (예) 4, 6, 8, 9, …

  30보다 작은 자연수 중에서 가장 큰 소수는 29이고, 가장 작은 합성수는 4입니다.

소인수분해

(1) 인수

인수는 약수와 같은 개념입니다. 예를 들어 12의 약수인 1, 2, 3, 4, 6, 12는 12의 인수입니다.

(2) 소인수

위의 예에서 2, 3은 소수이면서, 12의 인수입니다. 이처럼 어떤 자연수의 인수 중 소수인 인수를 소인수라고 합니다.

(3) 소인수분해

모든 자연수는 소인수들만의 곱으로 나타낼 수 있습니다. 이를 소인수분해라고 합니다. 곱하는 순서를 무시하면, 단 한 가지 방법으로 분해됩니다. 예를 들어 360을 소인수분해하면

$360 = 2 \times 2 \times 2 \times 3 \times 3 \times 5 = 2^3 \times 3^2 \times 5$가 됩니다.

(4) 거듭제곱

같은 수가 여러 번 곱해질 때의 수를 표현하는 방법입니다.

　(예) $2 \times 2 \times 2 = 2^3$, $2 \times 2 \times 2 \times 3 \times 3 = 2^3 \times 3^2$

(5) 문제를 통한 소인수분해 방법

[문제] 60을 소인수분해하세요.

[풀이] 다음과 같은 세 가지 방법의 풀이가 있습니다.

$$
\begin{aligned}
60 &= 2 \times 30 \\
&= 2 \times 2 \times 15 \\
&= 2 \times 2 \times 3 \times 5 \\
&= 2^2 \times 3 \times 5
\end{aligned}
$$

소인수분해를 이용한 약수 구하기

소인수분해를 이용해 약수를 구할 수 있습니다. 수형도와 표를 그리는 두 가지 방법을 알아봅시다.

문제 소인수분해를 이용해 63의 약수를 모두 구하세요.

풀이 주어진 수 63의 약수를 구하기 위해 먼저 63을 소인수분해합니다. $63=3^2 \times 7$이지요. 63의 모든 약수들은 1, 3, 3^2과 1, 7이 서로 곱해져 있는데요. 다음과 같이 수형도와 표를 그려서 모든 경우를 확인해볼 수 있습니다. 약수는 모두 $3 \times 2=6$개가 있으며, 1, 3, 7, 9, 21, 63입니다.

〔방법 1〕 수형도 그리기

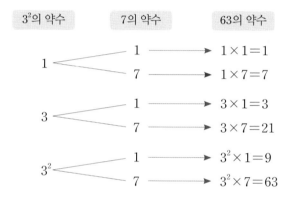

〔방법 2〕 표 그리기

3²의 약수＼7의 약수	1	7
1	$1 \times 1=1$	$1 \times 7=7$
3	$3 \times 1=3$	$3 \times 7=21$
3^2	$3^2 \times 1=9$	$3^2 \times 7=63$

문제 60의 약수를 구하세요.

풀이 소인수가 3개일 때, 소인수분해를 이용해 약수를 구하는 문제입니다.

$60=2^2\times3\times5$이므로 60의 소인수는 2, 3, 5로 3개입니다. 이 때, 2^2의 약수는 1, 2, 2^2이고, 3의 약수는 1, 3이며, 5의 약수는 1, 5이므로 60의 약수는 이들을 하나씩 골라 서로 곱해 구할 수 있습니다. 다음과 같은 수형도를 그리면 편리합니다.

2^2의 약수	3의 약수	5의 약수	60의 약수
		1	$1\times1\times1=1$
	1	5	$1\times1\times5=5$
1		1	$1\times3\times1=3$
	3	5	$1\times3\times5=15$
		1	$2\times1\times1=2$
	1	5	$2\times1\times5=10$
2		1	$2\times3\times1=6$
	3	5	$2\times3\times5=30$
		1	$2^2\times1\times1=4$
	1	5	$2^2\times1\times5=20$
2^2		1	$2^2\times3\times1=12$
	3	5	$2^2\times3\times5=60$

따라서 60의 약수를 작은 것부터 나열하면, 1, 2, 3, 4, 5, 6, 10, 12, 15, 20, 30, 60 총 12개가 있습니다.

이렇게 소인수분해를 이용해 약수를 구하면 어떤 점이 좋을까요? 바로 빠짐없이 모든 약수를 구할 수 있다는 것입니다.

수학 교과서에서 한 걸음 더 나아가기

소수의 무한성

1보다 큰 어떤 자연수가 1과 자기 자신만을 약수로 가질 때, 그수를 소수라고 부릅니다. 이러한 소수는 무한히 많습니다. 왜 그럴까요?

소수가 무한히 많다는 것에 대한 증명은 현재 몇 가지가 알려져 있는데, 가장 오래된 것은 고대 그리스의 수학자 유클리드가 쓴 《원론》 9권에 나와 있습니다. 약 2300년 전에 이미 소수의 무한성이 증명된 것이죠.

《원론》의 내용을 수식을 이용해 표현하면 다음과 같습니다.

소수가 유한개만 있다고 가정해보자.

예를 들어, P_1, P_2, P_3, $\cdots$, P_n 이렇게 n개만 있다고 해보자.

그리고 $N = P_1 \times P_2 \times P_3 \times \cdots \times P_n$이라고 하면,

$N + 1 = P_1 \times P_2 \times P_3 \times \cdots \times P_n + 1$은 P_1, P_2, P_3, $\cdots$, P_n 중 어떤 수로 나누어도 나머지가 1이다. 따라서 P_1, P_2, P_3, $\cdots$, P_n은 $N + 1$의 소인수가 아니다.

그러므로 소수가 n개만 있다는 가정은 틀렸다.

이해를 돕기 위해 쉬운 예를 들어보겠습니다. 만일 소수가 2, 3, 5, 7, 11 딱 다섯 개 있다고 가정해 보겠습니다. 다섯 개 소수를 모두 곱하면, 2310이 나옵니다. 그런데, 2310＋1＝2311의 소인수는 다섯 개의 소수 중에 없습니다. 그렇다면, 2311이 소수이거나, 11보다 큰 수 중에 2311의 소인수가 있는 것이죠. 소수가 딱 다섯 개만 있다고 한 가정은 틀린 것입니다. 결국 소수는 무한개 있습니다.

우리가 알고 있는 가장 큰 소수

자연수는 무한히 많이 있죠. 우리가 알고 있는 가장 큰 자연수는 무엇일까요? 일정한 패턴으로 1씩 커지는 자연수 중에서 가장 큰 수를 생각하는 것은 의미 없는 일입니다. 그렇다면, 가장 큰 소수는 어떠할까요? 가장 큰 소수를 구했다는 기사가 가끔 나옵니다.

지금까지 밝혀진 가장 큰 자리의 소수는 $2^{82589933}-1$입니다. 2018년 12월 메르센 큰 소수 찾기Great Internet Mersenne Prime Search(GIMPS)라는 단체에서 찾아냈습니다. 무려 24,862,048자리의 수입니다. 이 단체의 공식 사이트(www.mersenne.org)에서 확인할 수 있습니다. 수 전체를 표현하려면, 수천 쪽의 종이가 필요하다고 합니다.

수천 쪽을 차지하는 큰 자리수의 소수는 아닐지라도 10여 자리의 소수도 상황에 따라서 매우 중요한 정보가 될 수 있습니다. 예를 들어 다음의 곱셈을 살펴보겠습니다.

$$63949 \times 29947 = 1915080703$$

63949와 29947은 각각 소수입니다. 사실, 이 다섯 자리 수들이 소수라고 판단하는 것조차 어려운데요. 두 개의 소수를 곱해 합성수인 1915080703을 얻을 수 있습니다. 계산기만 있으면, 곱셈은 쉽게 할 수 있습니다. 손으로 직접 곱해도 몇 분이면 가능하지요.

그런데, 역으로 합성수인 1915080703이 주어졌을 때, 소인수분해를 해볼까요? 소인수 두 개를 찾기가 매우 어렵습니다. 만일 더 큰 자릿수의 두 소수를 곱한 합성수라면 어떨까요?

소인수분해는 더 어려울 것입니다. 이러한 소인수분해의 어려움이 실생활에 활용되고 있는데요. 바로 암호시스템의 보안성 부분에서 매우 중요한 역할을 합니다.

수학 문제 해결

문제 다음 두 조건을 만족시키는 두 자연수를 구하세요.

(가) 두 자연수를 곱한 수의 약수는 두 개뿐이다.

(나) 두 자연수의 차는 36이다.

풀이 (가)에서 약수가 두 개뿐인 수는 소수입니다. 자연수 두 개를 곱한 수가 소수가 되는 경우는 두 수 중 하나가 1이고, 다른 하나는 소수인 경우밖에 없습니다. 그런데, (나)에서 두 자연수의 차이가 36이라고 했으므로, 두 수는 1과 37입니다.
소수의 정의를 정확하게 기억하고 적용하는 것이 핵심이라고
할 수 있습니다.

수학 발견술 1 정의definition를 기억하라.

문제 24에 자연수를 곱한 것이 어떤 자연수의 제곱이 될 때, 곱할
수 있는 가장 작은 자연수를 구하세요.

풀이 문제를 식으로 쓰면 $24 \times \bigcirc = \triangle^2$이 됩니다. 이 식을 만족시키는
자연수 $\bigcirc$ 중에서 가장 작은 자연수를 구하면 됩니다. 어떻게 구
할까요?

$\bigcirc$와 $\triangle$는 자연수입니다. 자연수들로만 이루어지는 세상에서
는 자연수의 가장 작은 단위인 소수들의 곱으로 나타내는 것
이 문제 해결에 도움이 됩니다.

일단 24를 소인수분해하면 $2^3 \times 3$이 됩니다. 따라서 문제 상황
을 $2^3 \times 3 \times \bigcirc = \triangle^2$와 같이 쓸 수 있습니다. 문제 해결을 위해
드디어 방문을 열었습니다. 등호의 왼쪽에 있는 수가 어떤 자
연수 $\triangle$의 제곱이 되기 위해서는 2와 3이 각각 짝수 개가 있어
야 합니다. $\bigcirc$에는 가장 작은 수를 써야 하므로, 2와 3을 한번
씩만 더 곱해주면 됩니다. 즉 $\bigcirc = 2 \times 3 = 6$이며, 답은 6입니다.
6을 곱해주면, $2^4 \times 3^2 = (2^2 \times 3)^2$이 되니, $\triangle = 12$가 되겠지요.

문제   900의 약수의 개수를 구하세요.

풀이   복잡한 문제입니다. 표를 그려볼까요? 900을 소인수분해하면, $2^2 \times 3^2 \times 5^2$으로 소인수는 2, 3, 5 세 개가 있습니다. 2차원의 표로는 부족합니다. 3차원이 필요해 보입니다. 소인수분해를 해서 x, y, z축에 각각 소인수가 같은 인수들을 나열했습니다. 완성된 3차원 표의 각 셀은 소인수들의 곱을 나타내고 이들이 곧 약수가 됩니다.

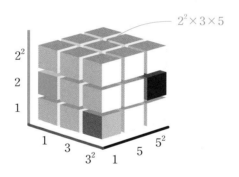

예를 들어 초록색 셀에 해당하는 약수는 $2 \times 1 \times 1 = 2$이고, 회색 셀은 약수 $1 \times 3^2 \times 1 = 9$를 의미합니다. 검은색 셀은 $2 \times 3^2 \times 5^2 = 450$이겠지요. 이 그림에는 총 27개의 셀이 있으며, 이 셀들은 900의 약수를 나타내줍니다. 즉 900의 약수는 모두 $3 \times 3 \times 3 = 27$개가 있습니다. 900의 약수 중 60이 있지요. 어떤 셀이 60을 나타낼까요? $60 = 2^2 \times 3 \times 5$이므로 초록색 축의 2^2, 회색 축의 3, 검은색 축의 5에 해당하는 맨 윗부분에서 한가운데 있는 셀이 됩니다.

수학 발견술 3   수형도나 표를 그려라.

수학 감성

작은 것을 소중하게 생각하는 마음

우리가 의사소통하는 데 사용되는 한글은 조선의 4대 임금 세종이 '훈민정음'이라는 이름으로 창제하여 1446년에 반포한 문자입니다. 현재 우리는 자음 14개와 모음 10개로 구성된 한글을 사용하고 있지요. 예를 들어 '수학'은 자음인 'ㅅ', 'ㅎ', 'ㄱ'과 모음인 'ㅜ', 'ㅏ'가 결합하여 만들어진 글자입니다.

영어 단어도 자음과 모음이 결합되어 있습니다. 예를 들어 'mathematics'는 자음 m, t, h, c, s와 모음 a, e, i로 이루어져 있네요. 몇 개의 자음과 모음의 서로 다르게 조합되어 수만 개의 단어가 생성됩니다.

우리 주변에서는 몇 가지 요소가 결합하여 이루어진 예를 쉽게 찾아볼 수 있습니다. 작지만 여러 개를 모아 곱하면 다양하고, 때론 아주 큰 수를 만들 수 있습니다.

작은 것을 소중하게 생각해야 합니다. 우리가 생각지도 못한 새로운 그 무언가를 만들 수 있습니다. 여러분이 가지고 있는 패를 모두 펼쳐놓고 가만히 들여다보십시오. 이미 들고 있는 것만으로도 충분히 새로운 아이디어를 만들 수 있습니다.

복잡한 문제를 분석하는 방법

어떤 수의 약수를 구하는 것은 중요합니다. 앞에서 900의 약수를 구해봤습니다. 먼저 소인수 2, 3, 5를 찾고, x, y, z축에 각각 2의 거듭제곱, 3의 거듭제곱, 5의 거듭제곱을 작은 수부터 나열했습니다.

완성된 3차원 표의 각 셀은 소인수들의 곱이며, 이들은 900의 약수입니다. 총 27개의 약수를 확인할 수 있었죠.

그런데 소인수가 2, 3, 5 이외에 7이나 11이 있는 경우는 어떻게 약수를 구할 수 있을까요? 3차원으론 부족합니다. 더 높은 차원이 필요하겠지요. 하지만 우리 인식의 한계로 3차원을 넘는 표는 그릴 수 없습니다. 하지만 이 경우엔 방법이 있습니다.

비슷한 변수를 묶어 최대 세 개로 만들어 표를 그리는 것입니다. 예를 들어 하나의 축에 서로 다른 소인수들을 곱해 모두 쓰는 겁니다. 물론 축이 더 길어질 수 있겠지만, 이렇게 하면 차원을 늘리지 않고도, 3차원에서 모든 약수를 빠짐없이 구할 수 있습니다. .

예를 들어 6300의 약수를 구하는 상황을 생각해보겠습니다. $6300 = 2^2 \times 3^2 \times 5^2 \times 7$이므로, 7을 5^2과 묶어서 $6300 = 2^2 \times 3^2 \times (5^2 \times 7)$와 같이 생각하면, 앞에서 살펴본 예에서 검은색 축에 있는 숫자들이 $1, 5, 7, 5^2, 5 \times 7, 5^2 \times 7$과 같이 더 많이 생깁니다. 마치 아래의 그림과 같은 형태로 셀이 늘어나는 것이죠. 물론 차원은 3차원 그대로 유지됩니다.

우리 삶도 마찬가지이겠지요? 문제 하나가 해결되면, 또 다른 문제가 나타납니다. 3차원이 훨씬 넘는 복잡한 문제들로 말이죠. 이 경우엔 비슷한 변수를 묶어 최대한 간단하게 3차원으로만 나타낸 다음 표를 그려 분석해보기 바랍니다. 복잡할수록 잘게 쪼개고 간단하게 나타내십시오.

시간이 오래 걸리는 것들

소인수분해로 돌아가 보겠습니다. 어떤 자연수가 아무리 크다고 하더라도, 아주 작은 소수의 곱으로 이루어져 있습니다. 몇 가지

특징을 예로 들어 살펴보겠습니다.

(1) 단 몇 개의 소수를 여러 번 곱해 큰 자연수를 만들 수 있습니다. 예를 들어 10000000000, 즉 100억은 소인수가 2와 5뿐입니다.

$$10000000000 = 2^{10} \times 5^{10}$$

(2) 여러 개의 소수들의 곱으로 만들어진 큰 수도 있습니다.

$$6469693230 = 2 \times 3 \times 5 \times 7 \times 11 \times 13 \times 17 \times 19 \times 23 \times 29$$

(3) 큰 자리의 소인수 몇 개의 곱으로 이루어진 자연수들도 있습니다.

$$1915080703 = 63949 \times 29947$$

앞에서 예를 들었지만, 아주 큰 자리의 수가 소수인 경우도 있으며, 큰 소수들의 곱으로 이루어진 더 큰 수도 있습니다.

위의 (1), (2), (3) 중에서 어떻게 만들어진 수들이 소인수분해하기 어려운가요? 당연히 (3)이겠죠. 시간이 오래 걸릴 수도 있습니다. 더 큰 자리 소수들의 곱으로 이루어진 자연수는 암호이론에도 쓰입니다.

우리에게 주어진 시간은 짧습니다. 그리고 능력의 한계치도 분명히 있습니다. 삶의 복잡한 문제일수록 실마리를 찾기가 어렵습니다. 너무 버거워서 노력하는 일이 물리적으로 무색할 때도 있습니다. 위의 (3)과 같은 수의 소인수분해만큼 어렵습니다.

당연히 최선을 다해 소인수를 찾아봐야겠지요. 시간과 노력이 많이 요구됩니다. 그래도 어렵다면, 어떻게 해야 할까요? 내가 해결할 수 없다는 것을 깨닫고, 다른 일을 해보는 것은 어떨까요? 다른 일을 해봤는데, 또 어렵다고요?

그래도 괜찮습니다. 또 다른 일을 찾아서 다시 시작하면 됩니다. 여러분은 마치 가지가 무성한 나무처럼 다채로운 삶을 살게 되는 겁니다.

2일차

유리수와 무리수

눈에 보이는 것이 전부라고 착각하지 말아라

헤아릴 수 없이 넓은 공간과 셀 수 없이 긴 시간 속에서
지구라는 작은 행성과 찰나의 순간을 그대와 함께 보낼 수 있음은 나에게 큰 기쁨이었다.
— 칼 세이건, 《코스모스》

들어가며

수학은 수를 다루는 학문입니다. 2500년 전 피타고라스는 수의 중요성을 "수는 형태와 개념을 지배하며, 선과 악이 거기서 비롯된다"라는 말로 강조하기도 했습니다.

인간이 가장 자연스럽게 인식할 수 있는 수는 자연수라고 할 수 있습니다. 우리는 하나, 둘, 셋, 사물의 개수를 세면서 자연수의 개념을 터득하게 됩니다.

자연수는 무한히 많이 있지요. 어떤 자연수를 가져와도 그다음 자연수를 찾을 수 있습니다. 이 과정을 통해 자연수는 끝없이 존재한다는 사실도 깨닫게 됩니다. 자연수를 생각해보면서 수가 무한히 많다는 놀라운 수학적 경험을 할 수 있죠.

중학교 수학을 처음 배우면서 수의 범위를 자연수에서 정수로 확장하게 됩니다. 자연수(양의 정수), 0과 음의 정수를 모두 포함해 정수라고 합니다.

우리가 분수로 알고 있는 유리수는 두 정수의 비로 정의됩니다. 그런데, 무리수는 조금 복잡합니다. 무리수는 어떻게 발견되었을까요? 유리수와 무리수로 이루어진 수 체계를 실수라고 합니다. 실수는 유리수와는 다른 특징이 많습니다.

우리는 이제 수를 이용한 단순 계산에서 더 나아가 수의 구조와 성질을 공부하게 됩니다. 중학교 전 학년에 걸쳐 있는 내용입니다. 실수와 유리수 모두 무한히 많지만, 실수의 개수가 더 많다는 것과 유리수는 자연수, 정수와 개수가 같으며, 실수는 이들보다 훨씬 더 많다는 것을 알아보겠습니다.

수학 교과서로 배우는 최소한의 수학 지식

유리수

유리수는 두 정수 a, b에 대해 $\frac{a}{b}(b \neq 0)$ 꼴로 나타낼 수 있는 수입니다. 유리수는 정수를 포함하는 개념입니다.

$$\text{유리수} \begin{cases} \text{정수} \begin{cases} \text{양의 정수(자연수)} : 1, \ 2, \ 3, \ \cdots \\ 0 \\ \text{음의 정수} : \ -1, \ -2, \ -3, \ \cdots \end{cases} \\ \\ \text{정수가 아닌 유리수} : \dfrac{1}{2}, \ \dfrac{1}{3}, \ -\dfrac{3}{2}, \ \cdots \end{cases}$$

유한소수와 무한소수

유리수는 모두 소수로 나타낼 수 있습니다. 소수에는 유한소수와 무한소수가 있습니다. 소수점 아래의 어떤 자리에서부터 한 숫자 또는 몇 개의 숫자의 배열이 한없이 되풀이되는 무한소수를 순환소수라고 합니다.

이때 되풀이되는 가장 짧은 한 부분을 순환마디라고 합니다. 예를 들어 3.3333…의 순환마디는 3이고, 0.2316316…의 순환마디는 316입니다.

$$\text{소수} \begin{cases} \text{유한소수} \\ \text{무한소수} \begin{cases} \text{순환소수} \\ \text{순환소수가 아닌 무한소수} \end{cases} \end{cases} \text{유리수}$$

유한소수와 순환소수는 유리수입니다. 즉 분수로 표현할 수 있지요. 순환소수를 분수로 나타내는 방법을 곧 다루겠습니다.

(1) 분수를 유한소수로 표현하기

분수를 기약분수로 나타냈을 때 분모의 소인수가 2 또는 5뿐이면, 그 분수는 유한소수로 나타낼 수 있습니다.

$$(예) \quad \frac{3}{20} = \frac{3}{2^2 \times 5} = \frac{3 \times 5}{2^2 \times 5 \times 5} = \frac{3 \times 5}{2^2 \times 5^2} = \frac{15}{100} = 0.15$$

(2) 분수를 유한소수로 표현할 수 없는 경우(순환소수로 나타남)

분수를 기약분수로 나타냈을 때, 분모의 소인수가 2나 5 이외의 수가 있으면, 그 분수는 유한소수로 나타낼 수 없습니다. $\frac{3}{7}$을 직접 나누어보면, 각 단계의 나머지가 나누는 수 7보다 작은 자연수 1, 2, 3, 4, 5, 6 중 하나이므로 적어도 7번째 안에는 앞 단계에서 나온 나머지와 같은 수가 나타나게 됩니다. 이때 나머지가 같은 수부터 같은 몫이 되풀이되므로 순환마디가 생깁니다.

순환소수를 분수로 나타내기

문제 순환소수 $0.\dot{2}\dot{1}$을 분수로 나타내세요.

풀이 $0.\dot{2}\dot{1}$을 x라고 하면

$$x = 0.212121\cdots \qquad \cdots\cdots \text{①}$$

①의 양변에 100을 곱하면

$$100x = 21.212121\cdots \qquad \cdots\cdots \text{②}$$

②에서 ①을 변끼리 빼면

$$99x = 21, \quad x = \frac{21}{99} = \frac{7}{33}$$

$$
\begin{array}{r}
100x = 21.212121\cdots \\
-) \quad\ x = \ 0.212121\cdots \\
\hline
99x = 21
\end{array}
$$

위와 같은 방법으로 순환소수는 언제나 분수로 나타낼 수 있으므로, 순환소수는 유리수라고 할 수 있습니다.

무리수

무리수는 분수로 나타낼 수 없는 수로, 소수점 이하로 같은 수의 배열이 반복적으로 나타나지 않는(순환하지 않는) 무한소수입니다.

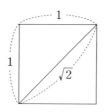

예를 들면, 한 변의 길이가 1인 정사각형의 대각선 길이가 무리수입니다. 무리수는 실수이며, 수직선에 나타낼 수 있습니다.

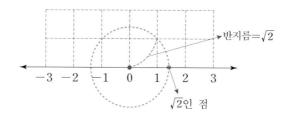

수학사의 한 장면을 살펴볼까요? 무리수의 존재는 지금으로부터 약 2500년 전, 고대 그리스 피타고라스 학파가 처음 알고 있던 것으로 전해집니다. 피타고라스 학파의 학자들은 직각 이등변삼각형의 밑변과 빗변의 비를 정수의 비율로 표현할 수 없다는 것을 증명했습니다.

이는 우주가 완벽하여 모든 것이 정수의 비로 표현된다고 믿었던 피타고라스 학파에 큰 충격을 주었습니다.

우리는 지금 유리수가 아닌 무리수가 있다는 사실을 너무도 당연하게 알고 있지만, 당시 유리수가 아닌 실수의 존재를 생각해냈다는 것이 놀랍습니다.

무리수無理數라는 용어는 영어 명칭인 irrational number를 사전적인 의미 그대로 번역한 것입니다. 그러나, 무리수는 비(분수꼴)로 나타낼 수 없는 수를 뜻하므로 무비수無比數로 번역해야 하며, 유리수도 같은 이유로 유비수有比數라고 해야 한다고 주장하는 학자도 있습니다.

실수의 분류

$$\text{실수} \begin{cases} \text{유리수} \begin{cases} \text{정수} \begin{cases} \text{양의 정수(자연수)} : 1,\ 2,\ 3,\ \cdots \\ 0 \\ \text{음의 정수} : -1,\ -2,\ -3,\ \cdots \end{cases} \\ \text{정수가 아닌 유리수} : \dfrac{1}{2},\ -\dfrac{3}{5},\ 0.8,\ \cdots \end{cases} \\ \text{무리수} : \sqrt{2},\ -\sqrt{7},\ \pi,\ \cdots \end{cases}$$

수학 교과서에서 한 걸음 더 나아가기

저는 수업 시간에 가끔 학생들에게 눈을 감고 숫자 하나만 생각해보라고 합니다. 아이들은 대부분 자연수를 생각합니다. 여러분도 해보시겠어요? 아마 무리수를 떠올리는 사람은 없을 것입니다. 그런데, 자연계에는 유리수보다 무리수가 훨씬 더 많습니다. 간단한 예로 드넓은 바다를 떠다니는 배들을 생각해보시죠. 바닷물이 무리수이고 배가 유리수입니다.

실수는 유리수와 무리수로 구성되어 있습니다. 수직선은 실수로 가득 차 있습니다. 그런데 수직선을 가득 채우고 있는 것은 무리수입니다. 수직선을 향해 다트를 던졌을 때, 우리는 절대로 유리수를 맞출 수 없습니다. 수직선에서 유리수가 차지하고 있는 공간은 0%입니다. 무리수가 100% 차지하고 있어요. 유리수보다 무리수가 훨씬 더 많이 있다는 겁니다.

자연수와 정수의 개수는 같다.

무한히 많은 자연수와 정수의 개수를 비교해보겠습니다. 정수는 자연수뿐 아니라 0과 음의 정수까지 포함하는 만큼 자연수보다 정수의 개수가 더 많을 것 같습니다.

그런데, 자연수의 개수는 정수의 개수와 같습니다. 부분과 전체의 개수가 같은 것이죠. 왜일까요? 먼저, 세는 방법을 생각해봅시다.

유한개라면 하나씩 세면 됩니다. 그러나 대상이 무한히 많은 경우엔 어떻게 할까요? 짝을 지어가면서 개수를 셀 수 있습니다. 수학에서는 일대일 대응이라고 합니다. 짝을 만들어 무한히 많은 대상의 수를 비교하는 것입니다.

두 집합의 원소의 개수가 같다는 것은 두 집합 사이에 '일대일 대응'이 존재할 때를 말합니다. 일대일 대응의 방식을 찾는 것이 가장 중요합니다. 다음과 같이 말이죠.

보통은 자연수 전체를 N으로, 정수 전체를 Z라는 기호로 나타냅니다.

$$N = \{1,\ 2,\ 3,\ 4,\ 5,\ 6,\ 7,\ 8,\ 9,\ 10,\ 11,\ \cdots\}$$
$$Z = \{\cdots,\ -5,\ -4,\ -3,\ -2,\ -1,\ 0,\ 1,\ 2,\ 3,\ 4,\ 5,\ \cdots\}$$

두 수들의 일대일 대응을 다음과 같이 찾을 수 있습니다.

$$\mathbf{N} = \{\cdots\cdots,\ 7,\ 5,\ 3,\ 1,\ 2,\ 4,\ 6,\ 8,\ \cdots\cdots\}$$

$$\frac{-\{(\text{홀수}-1)\}}{2} \qquad \frac{(\text{짝수})}{2}$$

$$\mathbf{Z} = \{\cdots\cdots,\ -3,\ -2,\ -1,\ 0,\ 1,\ 2,\ 3,\ 4,\ \cdots\cdots\}$$

자연수를 홀수와 짝수로 구분하여 나열하는 겁니다. 이후
가) 짝수는 2로 나누어 양의 정수와 일대일 대응시킬 수 있습니다.

나) 홀수는 1을 빼고 음의 부호로 바꾼 후 2로 나누어 0과 음의
정수에 일대일 대응을 시킬 수 있습니다.

가)와 나)의 방법으로 모든 자연수는 정수와 일대일 대응을 만
들 수 있으므로 자연수와 정수는 개수가 같습니다.

정수와 유리수의 개수는 같다

(1) 자연수와 양의 유리수의 개수는 같다

양의 유리수를 Q라고 하겠습니다. 양의 유리수는 두 자연수 a,
$b(b \neq 0)$에 대해 $\frac{a}{b}$(a, b는 서로소인 자연수)로 나타낼 수 있죠.
이제 모든 양의 유리수 $\frac{a}{b}$를 (a, b)와 같이 표시하겠습니다. (a, b)
를 표로 나타내면 다음과 같습니다. 여기서 대각선 방향으로 순서
를 정해줍니다.

a \ b	1	2	3	$\cdots$
1	$(1, 1)$	$(1, 2)$	$(1, 3)$	$\cdots$
2	$(2, 1)$		$(2, 3)$	$\cdots$
3	$(3, 1)$	$(3, 2)$		$\cdots$
$\cdots$	$\cdots$	$\cdots$	$\cdots$	$\cdots$

a와 b가 서로소이므로, $(2, 2)$와 같은 순서쌍은 제외합니다.
$(1, 1), (2, 2), (3, 3)$은 모두 유리수 1을 나타내는 순서쌍이기 때
문입니다. 마찬가지 이유로 $(2, 4)$는 $(1, 2)$와 같으므로, 제외해야

하겠지요. 그리고 이것을 나열하여 자연수와 일대일 대응시킬 수 있습니다. 다음과 같이 말이죠.

$$\mathbf{Q} = \{(1, 1), (1, 2), (2, 1), (1, 3), (3, 1), (1, 4), \cdots\}$$
$$\downarrow \quad \downarrow \quad \downarrow \quad \downarrow \quad \downarrow \quad \downarrow$$
$$\mathbf{N} = \{\ 1, \quad 2, \quad 3, \quad 4, \quad 5, \quad 6, \quad \cdots\}$$

(2) 음의 정수와 음의 유리수의 개수는 같다

위와 같은 방법으로 음의 유리수와 음의 정수 사이에도 일대일 대응을 찾을 수 있습니다.

(3) 0은 0에 대응한다.

(1), (2), (3)과 같이 정수와 유리수 사이에 일대일 대응을 찾을 수 있습니다. 앞에서 정수와 자연수 사이에는 일대일 대응을 이미 찾았죠. 그럼 유리수 전체와 자연수 사이에도 일대일 대응이 있는 것입니다. 따라서 유리수는 자연수와 개수가 같습니다.

자연수, 정수, 유리수의 개수가 모두 같다는 것을 확인했습니다.

무한개가 있는 대상들의 개수가 같다는 것은 일대일 대응의 규칙을 찾을 수 있을 때를 말합니다. 그렇다면 실수의 경우는 어떨까요? 자연수와 일대일 대응을 찾을 수 있을까요? 수학자 게오르크 칸토어Georg Cantor(1845~1918)는 실수와 자연수 사이에는 일대일 대응이 없다는 것을 증명했습니다. 즉 실수의 개수가 자연수, 정수, 유리수의 개수보다 많다는 것을 밝혀낸 것이죠. 무한은 다 똑같은 무한인 것처럼 보이지만, 무한에도 개수의 차이가 있습니다.

심지어 그는 실수보다 개수가 더 큰 수의 집합이 있다는 것, 더나아가 어떤 집합을 가져오든 그것보다 개수가 더 많은 집합이 반드시 있다는 사실을 증명해 무한의 개념을 정립하는 데 혁명을 일으켰습니다. 칸토어는 "수학의 본질은 사고의 자유로움에 있다"는 유명한 말을 남기기도 했습니다. 수학은 더 큰 집합을 얼마든지 상상하게 합니다. 가장 큰 집합이란 있을 수 없습니다. 아무리 크다고 해도더 큰 것이 반드시 있습니다. 정리해보겠습니다.

1. 자연수, 정수, 유리수의 개수는 같다.
2. 자연수, 정수, 유리수보다 실수의 개수가 훨씬 더 많다.
3. 실수보다 개수가 더 많은 수의 집합이 존재한다.

수학 문제 해결

문제 자연수와 짝수의 개수는 같다는 것을 보이세요.

풀이 자연수를 N이라고 하고, 짝수를 2N이라고 합시다. 어떻게 일
대일 대응을 만들까요?

$$N = \{1, 2, 3, 4, 5, 6, 7, 8, 9, 10, \cdots\}$$

$$2N = \{2, 4, 6, 8, 10, 12, 14, 16, 18, 20, \cdots\}$$

N에 속한 각 숫자에 2를 곱해주면 2N을 구성할 수 있습니다.

$$
\begin{array}{cccccccccc}
1, & 2, & 3, & 4, & 5, & 6, & 7, & 8, & 9, & 10, & \cdots \\
\updownarrow & \updownarrow & \updownarrow & \updownarrow & \updownarrow & \updownarrow & \updownarrow & \updownarrow & \updownarrow & \updownarrow \\
2, & 4, & 6, & 8, & 10, & 12, & 14, & 16, & 18, & 20, & \cdots
\end{array}
$$

일대일 대응을 찾은 것이죠. 그러므로 자연수와 짝수의 개수
는 같습니다. 분명 짝수는 자연수의 일부분이지만, 무한의 관
점에서는 짝수와 자연수의 개수가 같습니다.

수학 발견술 1	부분과 전체의 개수가 같을 수 있다.

수학 발견술 2	대상의 개수를 비교하기 위해선 일대일 대응 규칙을 찾아라.

문제 $0.\dot{9} = 0.9999\cdots = 1$임을 보이세요.

풀이 다음의 두 가지 방법으로 보일 수 있습니다.

〔방법 1〕	〔방법 2〕
$x = 0.999\cdots$	$x = 0.999\cdots$
$10x = 9.999\cdots$	$10x = 9.999\cdots$
$10x - x = 9.999\cdots - 0.999\cdots$	$10x = 9 + 0.999\cdots$
$9x = 9$	$10x = 9 + x$
$x = 1$	$9x = 9$
	$x = 1$

하지만, 아주 조금 차이가 있을 것 같지요. 어떻게 해야 $0.\dot{9} = 0.9999\cdots = 1$임을 확신할 수 있을까요? 무한에 그 힌트가 있습니다. 소수점 아래에 9가 무한히 많이 있으면 위 식의 값은 1과 차이가 없게 됩니다.

$0.9999\cdots$가 1보다 작다는 것은, 아주 작은 수만큼의 차이가 있다는 의미인데, 이는 모순입니다. 9를 늘려가면서, 그 차이를 줄일 수 있거든요. 결국 $0.9999\cdots$와 1의 차이는 없다고 할 수 있습니다. 차이가 없는 두 수는 같은 것입니다.

무한의 세계에는 쉽게 이해되지 않는 상황이 많이 있습니다. 다음의 예를 보겠습니다.

(예) $\dfrac{1}{2}+\dfrac{1}{2^2}+\dfrac{1}{2^3}+\dfrac{1}{2^4}+\dfrac{1}{2^5}+\dfrac{1}{2^6}+\cdots$

$=\dfrac{1}{2}+\dfrac{1}{4}+\dfrac{1}{8}+\dfrac{1}{16}+\dfrac{1}{32}+\dfrac{1}{64}+\cdots$

식의 값은 얼마일까요? 답은 1입니다.

정사각형 모델로 확인해보겠습니다. 한 변의 길이가 1인 정사각형의 넓이는 1입니다. 이 정사각형을 다음의 그림처럼 나눌 수 있습니다. 그림을 통해 위 식의 값이 1이 된다는 것을 확인할 수 있습니다. 무한의 신비입니다.

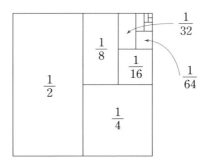

고등학교에서 극한과 급수를 다룰 때 조금 더 엄밀하게 배웁니다.

수학 발견술 3   인간의 관념 너머에 무한의 신비가 있다.

48

수학 감성

선택지 사이의 대응

우리는 이번 강의에서 자연수, 정수, 유리수, 실수의 단순 연산에서 더 나아가 수의 구조와 성질을 공부했습니다. 특히, 무한한 각 수의 개수를 비교해봤습니다. 무한히 많은 수를 일일이 대응하는 일대일 대응 규칙을 찾아냈습니다.

혹시 인생의 중대한 선택을 앞두고 고민하고 있나요? 건곤일척 乾坤一擲의 기로에 서 있나요? 도무지 어떤 선택을 어떻게 해야 할지 모르겠나요?

제 경우엔 이렇게 합니다. 먼저 각 선택지의 긴 실타래들을 길게 풀어보는 겁니다. 그리고 양쪽을 하나씩 대응시켜보세요. 각각의 장점과 단점, 기회비용을 꼼꼼하게 확인하는 겁니다. 그러면 어느 순간 마음이 한쪽으로 기울어진답니다.

다만 내가 한 선택에 대해선 책임을 져야 하겠지요. 오랜 시간이 흐른 후 가지 않은 길에 대해 후회하지 않기 위해선 일대일 대응을 잘 시켜봐야 합니다.

나와 세상의 관계 파악하기

우리는 가장 작은 자연수에서 출발해 실수까지 확장된 모든 수를 알고 있습니다. 여러분이 하나의 수라고 생각해볼까요? 여러분은 어떤 수인가요? 고등학교에선 더 큰 수의 범위인 복소수를 배우긴 하지만 실수까지만 생각해보죠.

내가 속한 세상이 어디인지 알고, 세상과 나의 관계를 정확히 파악해야 합니다. 여러분이 자연수라고 한다면, 유리수이기도 하고 실수이기도 합니다. 그러나 무리수가 될 수는 없는 이치이지요.

더 큰 세상에 대한 믿음

우리는 수를 비교함으로써 아무리 크다고 해도, 그것보다 큰 것이 있다는 것을 확인했습니다. 같은 논리로, 아무리 작다고 해도 그것보다 작은 것이 있습니다. 동양의 고전에서 삶의 지혜를 찾아보겠습니다. 중국의 고전인 《맹자孟子》의 〈진심장盡心章〉에는 "바다를 본 사람은 물을 말하기를 어려워한다觀於海者 難爲水"라는 말이 나옵니다.

바다라는 큰 물의 존재를 알게 될 경우에 우리는 겸손해집니다. 물에 대해 함부로 말을 할 수 없게 되지요.

"성인의 문하에서 공부한 사람은 학문에 대하여 말하기 어려워한다遊於聖人之門者 難爲言"라는 말도 이어집니다. 진리의 범위와 크기도 헤아릴 수 없다는 의미로 해석됩니다.

독일의 수학자인 미하일 슈티펠 Michael Stifel(1486~1557)은 "무리수는 무한의 구름 속에 숨어 있다"라는 말을 하기도 했습니다.

유리수보다 훨씬 더 많은 무리수가 있습니다. 하지만, 일상에서 무리수를 쓸 일은 거의 없습니다. 우리의 인식 너머에 더 큰 세상이 존재하는 겁니다. "뛰는 놈 위에 나는 놈이 있다"라는 속담이 있습니다. 눈에 보이는 것이 전부라고 착각하지 말기 바랍니다. 유한한 인간은 무한한 세상의 모든 것을 경험할 수 없기 때문입니다.

3일차

문자와 방정식

상황을 객관적으로 보여주는 표상을 만들어라

모든 위대한 것들은 단순하며 많은 것이 한 단어로 표현된다.
그것은 자유, 정의, 명예, 의무, 자비, 희망이다.
— 윈스턴 처칠

들어가기

우리 주변에서 언어 대신 단순한 그림을 사용한 공공 안내 표지판을 볼 수 있습니다. 그림은 불특정 다수의 사람들이 안내 사항을 쉽게 이해할 수 있도록 도와주는 역할을 합니다. 스마트폰 아이콘이나 이모티콘도 대표적인 그림 정보이지요. 일상생활에서 일정한 약속에 따라 그림이나 기호 또는 문자를 사용하면 말하고자 하는 내용을 간결하고 명확하게 표현할 수 있습니다.

수학에서도 오래전부터 어떤 문제와 그 해결 과정을 간결하게 표현하기 위해 많은 노력을 기울여왔습니다. 특히 문자는 16세기의 프랑수아 비에트François Viete(1540~1603)에 의해 본격적으로 도입되었습니다. 문자가 사용되기 전까지의 산술은 단순한 계산술에 불과했습니다. 하지만, 문자의 도입으로 산술은 더 엄밀해졌으며, 이전과는 다른 수준의 수학으로 진화할 수 있었습니다.

예를 들어 $2+3=3+2$를 문자 a, b를 사용해 $a+b=b+a$로 표현함으로써 덧셈을 '연산 기술'이 아닌 '연산의 성질(교환법칙)'로 연구할 수 있었던 것이죠. 또한 방정식의 미지수를 문자로 표현하면서 방정식의 해를 구하는 것에서 더 나아가 근의 공식과 같은 식 자체를 연구할 수 있게 되었습니다.

수학에서는 정해지지 않은 임의의 값이나 미지의 값을 표현하기 위해 '문자'를 사용합니다. 이 단원에서는 다양한 상황을 문자를 사용한 식으로 나타내는 방법과 일차방정식의 풀이 방법, 이차방정식의 근의 공식 등을 학습합니다.

수학 교과서로 배우는 최소한의 수학 지식

문자의 사용

수학에서는 보통 알파벳 문자 a, b, c, x, y, z를 사용합니다. 초등학교에서 세모나 네모 등을 사용해 식으로 나타냈으나 이 방법은 문제 상황이 복잡해지고 지칭해야 할 대상이 많아지면 사용하기 어려워집니다.

연산에서 대수로의 이동

등호는 식의 결과를 나타내기도 하지만, 양쪽 식의 값이 같다는 의미이기도 합니다.

예를 들어 $100x + 100 = 8000$에서 $=$는 양변의 값이 같다는 의미로 쓰입니다.

방정식

방정식equation이란 문자를 포함하는 등식으로, 문자의 값에 따라 참이 되기도 하고 거짓이 되기도 합니다. 방정식에서 사용하는 문자는 미지수라고 하는데, 등식이 참이 되게 하는 미지수의 값을 해solution 또는 근root이라고 합니다. 그리고 방정식의 해를 구하는 것을 '방정식을 푼다'라고 합니다. 방정식은 식의 종류에 따라 일차방정식, 이차방정식 등으로 나뉩니다.

(1) 일차방정식

등식의 우변의 모든 항을 좌변으로 이항해 정리했을 때, (x에 대한 일차식)$=0$의 꼴이 되는 방정식을 x에 대한 일차방정식이라고 합니다. 일반적으로 x에 대한 일차방정식은 $ax + b = 0$(단, a, b는 상수, $a \neq 0$)의 꼴로 나타낼 수 있습니다.

문제 일차방정식 $3x-5=2$의 해를 구하세요.

풀이 다음의 두 가지 방식으로 풀이할 수 있습니다.

〔풀이 1〕 (x에 적당한 수를 직접 대입)

① $x=1$을 대입하면, $-2 \neq 2$

② $x=2$을 대입하면, $1 \neq 2$

③ $x=3$을 대입하면, $4 \neq 2$

$$\vdots$$

〔풀이 2〕 (등식의 성질을 이용한 풀이)

$$3x-5=2$$

의 양변에 5를 더하면,

$$3x-5+5=2+5$$

$$3x=7$$

이제 양변을 3으로 나누면,

$$x=\frac{7}{3}$$

해가 정수일 때는 〔풀이 1〕의 방법으로 쉽게 구할 수 있지만, 해가 정수가 아니라면 해를 찾기 어렵기 때문에 〔풀이 2〕의 방법으로 해를 구해야 합니다.

등식의 성질을 이용해 방정식을 풀면, 방정식의 해가 간단한 정수가 아니어도 해를 구할 수 있습니다. 해를 추측할 필요가 없어 시간이 절약된다는 장점이 있지요.

왜 미지수의 값은 주로 x를 사용하여 나타낼까요?

우리는 식에서 모르는 값을 나타낼 때, 주로 문자 x를 사용합니다. 문자 x는 프랑스의 철학자이자 수학자 르네 데카르트 René Descartes(1596~1650)가 처음 사용했습니다. 데카르트는 문자 x, y, z를 이용해 미지수를 나타냈는데요. 이후 사람들은 x를 많이 사용했습니다. y, z보다 x를 더 많이 사용한 것에 대해서는 몇 가지 설이 있어요. 그중 한 가지는 프랑스어에 알파벳 x가 많아 인쇄소에 x 활자가 많았기 때문이라고 합니다.

(2) 이차방정식

등식의 우변의 모든 항을 좌변으로 이항해 정리했을 때, (x에 대한 이차식)$=0$의 꼴이 되는 방정식을 x에 대한 이차방정식이라고 합니다. 일반적으로 x에 대한 이차방정식은 $ax^2+bx+c=0$(단, a, b, c는 상수, $a \neq 0$)의 꼴로 나타낼 수 있습니다.

이차방정식을 푸는 방법은 인수분해를 이용하는 방법과 근의 공식을 이용하는 방법이 있습니다.

문제 이차방정식 $x^2+5x+6=0$의 해를 구하세요.

풀이 가) 인수분해를 이용하는 방법

$x^2+5x+6=(x+2)(x+3)$이므로,

주어진 방정식은 $(x+2)(x+3)=0$입니다.

따라서 $x+2=0$ 또는 $x+3=0$입니다.

그러므로 해는 $x=-2$ 또는 $x=-3$입니다.

나) 근의 공식을 이용하는 방법

이차방정식 $ax^2+bx+c=0$(단, a, b, c는 실수, $a \neq 0$)의 해를 구하는 일반적인 방법(근의 공식)은 다음과 같습니다.

$$x=\frac{-b \pm \sqrt{b^2-4ac}}{2a}$$

주어진 방정식에서 $a=1$, $b=5$, $c=6$이므로,

$$x=\frac{-5 \pm \sqrt{5^2-4 \times 1 \times 6}}{2 \times 1}=\frac{-5 \pm 1}{2}$$

따라서 $x=-2$ 또는 $x=-3$

[문제] 이차방정식 $ax^2+bx+c=0$의 일반적인 풀이 방법(근의 공식)을 설명하세요.

[풀이] 이차방정식 $2x^2+5x+1=0$의 풀이 방법을 이용하여 이차방정식 $ax^2+bx+c=0$($a \neq 0$)의 풀이 방법을 알아보겠습니다.

	$2x^2+5x+1=0$ 의 풀이	$ax^2+bx+c=0$ 의 풀이
① 양변을 x^2의 계수로 나눈다.	$x^2+\frac{5}{2}x+\frac{1}{2}=0$	$x^2+\frac{b}{a}x+\frac{c}{a}=0$
② 좌변의 상수항을 우변으로 이항한다.	$x^2+\frac{5}{2}x=-\frac{1}{2}$	$x^2+\frac{b}{a}x=-\frac{c}{a}$

③ x의 계수의 $\frac{1}{2}$을 제곱하여 얻은 수를 양변에 더한다.	$x^2 + \dfrac{5}{2}x + \left(\dfrac{5}{4}\right)^2$ $= -\dfrac{1}{2} + \left(\dfrac{5}{4}\right)^2$	$x^2 + \dfrac{b}{a}x + \left(\dfrac{b}{2a}\right)^2$ $= -\dfrac{c}{a} + \left(\dfrac{b}{2a}\right)^2$
④ 좌변을 완전제곱식으로 나타낸다.	$\left(x + \dfrac{5}{4}\right)^2 = \dfrac{17}{16}$	$\left(x + \dfrac{b}{2a}\right)^2 = \dfrac{b^2 - 4ac}{4a^2}$
⑤ 제곱근을 구한다.	$x + \dfrac{5}{4} = \pm\dfrac{\sqrt{17}}{4}$	$x + \dfrac{b}{2a}$ $= \pm\dfrac{\sqrt{b^2 - 4ac}}{2a}$ (단, $b^2 - 4ac \geq 0$)
⑥ 좌변의 상수항을 우변으로 이항하여 근을 구한다.	$x = \dfrac{-5 \pm \sqrt{17}}{4}$	$x = \dfrac{-b \pm \sqrt{b^2 - 4ac}}{2a}$

수학 교과서에서 한 걸음 더 나아가기

문자의 두 가지 종류, 변수와 미지수 이해하기

(1) 변수

변수는 '변하는 수'입니다. 값이 고정되지 않은 수라는 뜻이지요. 변수에는 다양한 값을 대입할 수 있습니다. 변수는 다양한 값을 가질 수 있기 때문에 여러 수를 대표하는 문자라고 볼 수도 있습니다. 예를 들어 다음 삼각형에서 b와 h는 변수이며, 변수를 이용해 일반적인 넓이를 나타낼 수 있습니다.

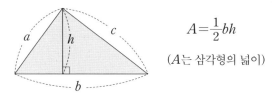

$$A = \frac{1}{2}bh$$

(A는 삼각형의 넓이)

(2) 미지수

미지는 '알지 못한다', '아직 모른다'는 뜻입니다. 즉 미지수는 아직 '모르는 수'입니다. 미지수를 포함한 식을 방정식이라고 부르고, 미지수 값을 찾는 것이 방정식을 푸는 것이죠. 미지수는 단지 모르는 수를 나타내는 문자이므로, 다양한 값을 가지거나 정해지지 않은 변수의 의미와 다릅니다. 예를 들어 $3x - 6 = 0$에서 x는 우리가 알지 못하는 단 하나의 수(여기서는 2)를 나타내는 미지수입니다.

문자 사용의 의미 재조명

이번 강의 초반부에 문자를 사용한 식을 활용하면 문제 상황을 간결하고 명확하게 표현할 수 있으며, 의도하는 바를 정확하게 전달할 수 있다고 했습니다. 문자를 사용하면 여기에서 더 나아가 수학 개념을 일반화할 수 있으며, 식을 조작의 대상으로 만들 수 있기 때문에 더 높은 사고의 수단을 제공합니다. 이와 같은 이점과 유용성을 조금 더 알아보겠습니다.

(1) 일반화의 도구

앞에서 이차방정식의 근의 공식을 알아봤습니다. 세상에 있는 모든 이차방정식은 문자를 사용해 $ax^2+bx+c=0$(단, a, b, c는 상수, $a\neq0$)와 같이 나타낼 수 있습니다. 일반화입니다. 간단한 문자로 모든 경우를 표현한 것이죠. 더 나아가 모든 이차방정식의 해를 구하는 방법을 생각할 수 있습니다. 일반해라고 해도 됩니다. a, b, c만 알고 있으면 간단한 계산으로 해를 구할 수 있는 것이죠. 문자를 사용해 일반화가 가능합니다.

$$ax^2+bx+c=0$$

$$x=\frac{-b\pm\sqrt{b^2-4ac}}{2a}$$

(예)

$$3x^2+5x-7=0$$
$$a=3,\ b=5,\ c=-7$$
$$x=\frac{-(5)\pm\sqrt{(5)^2-4(3)(-7)}}{2(3)}$$
$$=\frac{-5\pm\sqrt{25+84}}{6}$$
$$=\frac{-5\pm\sqrt{109}}{6}$$
$$=\frac{-5+\sqrt{109}}{6}\ or\ \frac{-5-\sqrt{109}}{6}$$

$$-x^2-6x+8=0$$
$$a=-1,\ b=-6,\ c=8$$
$$x=\frac{-(-6)\pm\sqrt{(-6)^2-4(-1)(8)}}{2(-1)}$$
$$=\frac{6\pm\sqrt{36+32}}{-2}$$
$$=\frac{6\pm\sqrt{68}}{-2}$$
$$=\frac{6+\sqrt{68}}{-2}\ or\ \frac{6-\sqrt{68}}{-2}$$

(2) 조작의 대상, 사고의 수단

언어는 생각을 표현하는 수단이기도 하지만, 사고의 대상이 되기도 합니다. 예를 들어 우리는 하늘에 떠 있는 구름을 보고 구름이라고 표현하기도 하지만 구름이라는 단어를 통해 또 다른 생각을 전개하기도 합니다.

바로 앞에서 확인한 이차방정식의 근의 공식은 두 근을 일반적으로 표현해주는 식입니다. 이 식들은 또 다른 사고의 도구로 작용합니다. 두 가지 예를 보겠습니다.

(예) 판별식을 통한 근의 개수 확인

이차방정식 $ax^2+bx+c=0\,(a \neq 0)$의 근의 개수는

근의 공식 $x=\dfrac{-b \pm \sqrt{b^2-4ac}}{2a}$에서

b^2-4ac의 부호에 의해 결정됩니다.

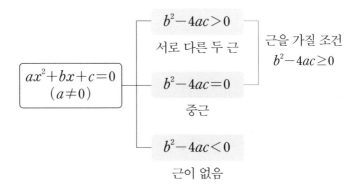

근의 공식은 이차방정식의 해를 구할 수 있는 수단이 되기도 하지만, b^2-4ac의 값을 통해 이차방정식의 실근이 몇 개인지 알 수

64

있는 사고의 대상을 제공하고 있습니다. 아래의 표를 살펴봅시다.

	b^2-4ac	근의 개수	확인
$x^2+2x-1=0$	$2^2-4\times1\times(-1)=8>0$	2개	$x=-1\pm\sqrt{2}$
$x^2+2x+1=0$	$2^2-4\times1\times1=0$	1개	$x=-1$(중근)
$x^2+2x+2=0$	$2^2-4\times1\times2=-4<0$	근이 없음	$x=-1\pm\sqrt{-1}$ 로 실수가 아니다.

(예) 계수를 통한 근의 합, 곱 구하기

문자로 표현된 이차방정식의 근의 공식의 조작을 통해 실제 이차방정식의 근을 구하지 않고도 두 근의 합과 곱을 구할 수 있습니다.

이차방정식 $ax^2+bx+c=0(a\neq0)$에서

$x=\dfrac{-b\pm\sqrt{b^2-4ac}}{2a}$이므로

① (두 근의 합)$=\dfrac{-b+\sqrt{b^2-4ac}}{2a}+\dfrac{-b-\sqrt{b^2-4ac}}{2a}$

$\qquad\qquad=\dfrac{-2b}{2a}=-\dfrac{b}{a}$

② (두 근의 곱)$=\dfrac{-b+\sqrt{b^2-4ac}}{2a}\times\dfrac{-b-\sqrt{b^2-4ac}}{2a}$

$\qquad\qquad=\dfrac{b^2-(b^2-4ac)}{4a^2}=\dfrac{c}{a}$

이차방정식 $ax^2+bx+c=0\,(a\neq 0)$의 두 근을 α, β라 하면

① (두 근의 합)$=\alpha+\beta=-\dfrac{b}{a}$

② (두 근의 곱)$=\alpha\beta=\dfrac{c}{a}$

(예) 이차방정식 $x^2+2x-1=0$의 두 근을 α, β라 하면

$a=1$, $b=2$, $c=-1$이므로

$\alpha+\beta=-\dfrac{2}{1}=-2$, $\alpha\beta=\dfrac{-1}{1}=-1$

　문자를 사용하면 수학 개념을 명확하게 나타낼 수 있으며, 모든 상황을 다 포함하는 일반화가 가능합니다. 마지막으로 식을 수학적 조작의 대상, 사고의 수단으로 만들어주어 더 높은 차원의 통찰을 제공한다는 점도 기억하기 바랍니다. 문자 사용의 의미를 다음과 같이 정리해봤습니다.

1. 명료화: 문제 상황을 간결하고 명확하게 표현함으로써 의도 하는 바를 정확하게 전달할 수 있다.
2. 일반화: 문자를 사용하여 표현한 식은 일반성을 지닌다.
3. 대상화: 구체적으로 제시하기 어려운 대상을 조작의 대상으로 처리해 높은 차원의 통찰을 제공한다

수학 문제 해결

문제 합이 27이고 곱이 180인 두 수를 구하세요.

풀이 마치 이 수의 값을 알고 있는 것처럼 식을 세우면 됩니다. 구하려는 두 수 중 어느 하나를 x라고 두면, 또 다른 수는 $27-x$가 됩니다. 두 수의 곱이 180이므로,

$x(27-x)=180$이고 식을 정리해서 x의 값을 구하면,

$x^2-27x+180=0$

$(x-12)(x-15)=0$

$x=12 \ \text{or} \ x=15$

따라서 두 수는 12와 15입니다.

수학 발견술 1
> 문제 상황에서 구해야 할 것을 찾아 문자 x로 놓는다.
> x는 그다음 풀이 과정을 위한 사고의 대상이 된다.

문제 연속하는 두 자연수의 제곱의 합이 113일 때, 두 자연수를 구하세요.

풀이 방정식을 활용하면, 여러 가지 문제를 해결하는 데 도움이 됩니다. 방정식을 활용해 문제를 해결하는 순서는 전체적으로 다음과 같습니다. 각 단계를 꼭 기억하고 있어야 합니다.

가) 문제의 뜻을 파악하고, 구하고자 하는 것을 미지수 x로

놓는다. 나) 수량 사이의 관계를 방정식으로 나타낸다. 다) 방정식을 푼다. 라) 구한 해가 문제의 뜻에 맞는지 확인한다.

가)에 따라 두 자연수 중에서 작은 수를 x라고 합니다.

나)에 따라 연속하는 두 자연수 중 큰 수는 $x+1$이고, 두 수의 제곱의 합이 113이므로 $x^2+(x+1)^2=113$이라는 식을 세웁니다.

다)에 따라 $x^2+x-56=0$이므로 좌변을 인수분해하면 $(x+8)(x-7)=0$에서 $x=-8$ 또는 $x=7$입니다. 이때 x〉0 이므로 $x=7$입니다. 따라서 연속하는 두 자연수는 7, 8입니다.

라) 연속하는 두 자연수가 7, 8일 때, 두 자연수의 제곱의 합은 $49+64=113$이므로 구한 해가 문제의 뜻에 맞습니다.

문제 넓이가 72 m^{2}인 정사각형 모양의 꽃밭이 있습니다. 이 꽃밭의 넓이는 그대로 유지하고, 세로의 길이가 가로의 길이보다 6 m 더 긴 직사각형 모양으로 바꾼다고 할 때, 그 가로의 길이와 세로의 길이를 구하세요.

풀이 가) 미지수 놓기

가로의 길이를 x로 놓으면,

세로의 길이는 $x+6$입니다.

구하고자 하는 것을 x로 두었으면, x를 이용한 방정식을 세워야 합니다. 방정식만 세워놓으면 우리가 익숙한 방정식 풀이 단계로 넘어가기 때문에 생각의 전개가 쉽습니다.

나) 방정식 세우기

$x(x+6)=72$

다) 방정식 풀기

$x^2+6x-72=0$

인수분해를 이용해 풀면,

$(x-6)(x+12)=0$

$x=6$ 또는 $x=-12$

라) 문제의 뜻에 맞는지 확인하기

가로의 길이는 양수이므로 $x=6$이 적당합니다.

답은 가로의 길이가 6 m, 세로의 길이가 12 m입니다.

문제 수학 책을 펼쳤는데 양쪽 면의 두 쪽수의 곱이 506이었을 때, 두 쪽의 수를 구하세요.

풀이 가) 미지수 x놓기

한 쪽의 페이지를 x로 놓으면, 다른 한 쪽은 $x+1$입니다.

나) 방정식 세우기

$x(x+1)=506$

다) 방정식 풀기

$x^2+x-506=0$

인수분해를 이용해 풀면,

$(x-22)(x+23)=0$

$x=22$ 또는 $x=-23$

라) 문제의 뜻에 맞는지 확인하기

책의 쪽수이므로 $x=22$가 적당합니다.

답은 22쪽, 23쪽입니다.

(참고로 책의 페이지는 자연수가 되므로 이차식은 인수분해가 됩니다. 이차방정식을 활용하는 문장제 문제는 대부분 인수분해를 이용해 답을 구하면 됩니다.)

모든 방정식 활용 문제들은 풀이 과정이 유사합니다. 문제 상황을 보고 가장 먼저 구해야 할 것을 문자 x로 놓는 것이 선행되어야 합니다. 그다음에 방정식을 세우는 것이지요. 방정식을 세웠으면, 방정식을 풀고 문제의 뜻에 맞는지 확인하면 됩니다.

| 수학 발견술 2 | 수식을 이용한 방정식을 세워라. |

| 수학 발견술 3 | 풀이 단계를 매뉴얼로 기억하고 실천하라. |

수학 감성

엄밀한 사고

오래전 우리나라와 중국에서도 수학이 발전했지만, 동양보다 유럽에서 미적분을 포함한 거의 모든 수학이 먼저 발전했습니다. 여러 가지 이유가 있는데요. 아마도 근대 유럽의 수학이 고대 그리스의 연역적이고 논리적인 수학을 직접 계승했고, 계산 자체보다는 알파벳 문자를 활용해 수의 구조와 성질에 더 많은 관심을 가졌기 때문일 것입니다.

수의 구조와 성질을 연구한다는 것은 $2+3=5$라는 식을 계산 과정 및 그 결과로만 보지 않는 것입니다. 양변의 값이 같다는 것을 $a+b=c$와 같은 하나의 구조로 보면, 덧셈이란 무엇인지, 덧셈을 구조적으로 연구하기 위해서는 어떤 접근이 필요한지를 고민할 수 있습니다. 문자의 활용이 더 높은 차원의 엄밀한 사고를 이끌었으며, 엄밀한 사고는 수학을 발전시켰습니다.

《주역》과 표상

비슷한 예를 중국의 고전인 《주역》에서도 확인할 수 있습니다. 《주역》은 공자가 가죽 끈이 세 번 떨어질 때까지 읽었다는 책입니다.

《주역》에서는 자연을 상징하는 여덟 개의 괘를 위아래로 연결한

64개의 괘가 나옵니다. 각 괘에는 우주 만물과 인간사의 변화에 대한 주석이 달려 있습니다.

《주역》으로 점을 칠 수도 있습니다. 간단한 예로 64개의 나무젓가락에 각 괘를 적어 놓고 뽑는 것입니다. 그다음 각 괘의 해석을 점괘로 활용하는 것이지요.

이 모든 것은 우주 만물의 변화를 64개로 분류해 정리했기 때문에 가능한 것입니다. 앞의 수학 문제 해결에서 발견술을 논하면서, 가장 먼저 x를 지정해 놓아야 한다고 했습니다. 문자 x는 사고의 대상이 되어 그다음 생각의 과정을 이끌기 때문입니다.

표상representation이라는 심리학 용어가 있습니다. re-presentation입니다. 어떤 표현을 다시 생각하는 것입니다.

메타인지라는 말을 들어봤나요? 우리의 생각을 생각하는 것입니다. 표상과 메타인지에는 공통점이 있습니다. 최초의 표현과 생각이 필요하다는 것이지요. 이어지게 될 생각의 마중물이라고 할까요? 우리의 사고를 더 높은 차원으로 해석할 수 있는 매개체가 된다는 것이지요. 마치 우리의 삶과 자연을 해석할 수 있는 주역의 64괘처럼 말이죠.

일상생활에서 복잡한 상황을 정리해야 할 때가 있습니다. 상황을 표현하는 수단이자 사고의 대상이 되는 표상을 만들어보는 것은 어떨까요? 주역에선 우주 만물의 변화를 괘라는 표상으로 만들어 64개의 범주로 분류했는데, 여러분의 삶은 어떤 표상으로 그려질까요?

4일차

함수

변화의 양상을 다각도로 해석하라

두 눈을 크게 뜨고 있으라. 기회는 다시 오지 않으리.
아직 멈추지 않은 바퀴의 미래를 속단하지 말라.
그것이 어디로 향할지는 아무도 모른다. 오늘의 패자가 이후에 승리할 것이다.
시간이 계속 변하고 있기 때문이다.
— 밥 딜런의 노래 〈더 타임스 데이 에이-체인징〉의 가사 중에서

들어가기

수는 변하지요. 수의 변화가 함수입니다. 우리 삶을 바라보면 변하지 않는 것은 거의 없습니다. 우리 인생을 가장 잘 설명해주는 수학이 바로 함수입니다.

하지만, 역설적으로 함수는 학생들이 가장 어려워하는 내용입니다. 그래서 수학 교육 연구 초창기부터 가장 많은 연구 결과가 누적된 분야이기도 합니다.

몇 가지 연구를 예로 들면, 일찍이 졸탄 폴 딘즈Zoltán Pál Dienes (1960)는 아동의 학습에서 지각적인 다양성과 수학적인 다양성이 중요하다는 것을 밝혔습니다. 또한 컴퓨터를 활용한 함수의 표현과 관련하여 수십여 편의 논문을 발표한 이스라엘 하이파대학교 마이 클 예루살미Michal Yerushalmy 교수의 연구들에서도 함수의 다양한 표현법과 관련된 내용을 확인할 수 있습니다.

무엇보다, 최근 표상에 대해 활발한 연구를 많이 하고 있는 영국 노팅엄대학교의 섀런 에인스워스Shaaron Ainsworth 교수가 쓴 논문(2008)은 2000회 가깝게 인용될 정도로 수학 교육에서 함수 연구는 지금도 활발히 진행되고 있습니다.

학교 수학의 거의 모든 내용에는 함수 개념이 포함되어 있다고 할 수 있습니다. 이 때문에 함수에 대한 기초 지식이 없으면 수학을 공부하기 어렵습니다.

이번 강의에서는 함수를 표현하는 여러 가지 방법들(식, 표, 그래프)을 같이 생각해보겠습니다.

수학 교과서로 배우는 최소한의 수학 지식

좌표평면

다음의 그림에 좌표평면이 나와 있습니다. 좌표평면은 서로 수직인 x축, y축으로 되어 있으며, 두 축이 만나는 점을 원점이라고 합니다.

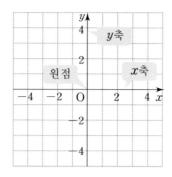

좌표평면 위의 한 점 P에서 x축, y축에 각각 내린 수선과 축이 만나는 점에 대응하는 수를 각각 a, b라고 할 때, 순서쌍 (a, b)를 점 P의 좌표라고 합니다. 기호로는 P(a, b)로 표현합니다. 수직선에서 점의 위치는 단 하나의 수로 표현이 가능하지만, 좌표평면에서는 두 개의 수가 있어야 점의 위치가 정해집니다.

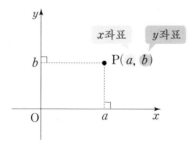

좌표평면은 좌표축에 의해 네 개의 부분으로 나뉩니다. 다음의 그림과 같이 순서대로 1, 2, 3, 4분면이라고 합니다. 단, 좌표축 위의 점들은 어느 사분면에도 속하지 않습니다.

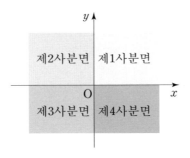

그래프의 뜻

좌표평면을 이용하면, 수의 변화를 나타낼 수 있습니다. 우리 주변에는 어떤 한 값이 변할 때, 다른 값도 따라서 변하는 현상들이 많습니다. 두 값의 관계를 순서쌍으로 좌표평면 위에 나타낸 것을 그래프라고 합니다.

그래프는 점이나 직선, 곡선 등으로 표현되며, 변화의 모습을 한눈에 알아볼 수 있게 합니다.

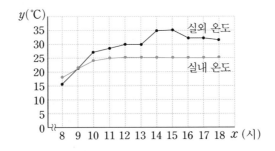

위의 그림은 어느 여름날 8시부터 18시까지 한 시간 간격으로 실내 온도와 실외 온도를 측정한 그래프입니다.

시각과 실내 온도의 순서쌍, 그리고 시각과 실외 온도의 순서쌍을 좌표평면에 나타내 다른 색으로 연결한 것이지요.

이 그래프를 통해 실내 온도와 실외 온도가 어떻게 변했는지 확인할 수 있습니다. 그뿐 아니라 실내 온도가 실외 온도보다 낮아지기 시작한 시각, 실외 온도가 가장 높았던 시각 등을 알 수 있고, 더 나아가 실내 온도가 오전 11시 이후로 일정하게 유지된 원인을 추론할 수도 있습니다.

문제 다음은 서울, 싱가포르, 모스크바에서 각각 잰 온도를 그래프로 나타낸 것입니다. 그래프에 대한 설명으로 알맞은 것을 서로 짝지으세요.

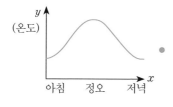

하루종일 눈이 내리고 추운 날씨가 될 것이라는 일기예보가 있었다. 오늘은 야외 활동을 많이 해야 해서 옷을 두껍게 입고 나왔다. 온종일 바람이 세차게 불어 무척 추운 날이었다.

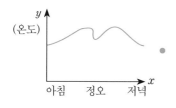

항상 그렇듯이 아침부터 무척 더웠다. 정오에 갑자기 소나기가 퍼부어 잠깐 시원해졌지만, 오후에 어김없이 다시 더워졌다.

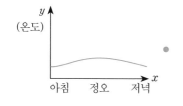

아침에 날씨가 쌀쌀해서 외투를 입고 나갔는데, 낮에 기온이 올라가 더웠다. 그런데 오후에 다시 기온이 내려가 외투를 다시 꺼내 입었다.

정비례

변하는 두 양 x, y에서 x값이 2배, 3배, 4배, …가 될 때, y값도 2배, 3배, 4배, …가 되는 관계가 있으면, y는 x에 정비례한다고 합니다. x와 y사이에는 $y=ax$(단, a는 0이 아닌 상수)인 관계식이 성립합니다.

정비례 관계 $y=ax$(단, a는 0이 아닌 상수)의 그래프는 아래와 같습니다.

① $a>0$일 때   ② $a<0$일 때

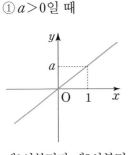

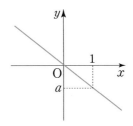

제1사분면과 제3사분면을 지난다.

제2사분면과 제4사분면을 지난다.

문제 정비례 관계를 나타내는 실생활 문제를 찾아 그래프와 함께 설명해보세요.

풀이

x(시간)	1	2	3	4	5	6
y(거리)	30	60	90	120	150	180

1시간에 30 km의 일정한 속력으로 달리는 자동차는 시간이 2배, 3배, 4배, … 가 될때 이동거리도 2배, 3배, 4배가 됩니다. 표와 그 래프를 통해 나타내봤습니다.

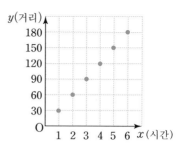

반비례

변하는 두 양 x, y에서 x값이 2배, 3배, 4배, …가 될 때, y값이 1/2배, 1/3배, 1/4배, …가 되는 관계가 있으면, y는 x에 반비례한다고 합니다. x와 y사이에는 $xy=a$인 관계식, 즉 $y=\dfrac{a}{x}$(단, a는 0이 아닌 상수)가 성립합니다.

반비례 관계 $y=\dfrac{a}{x}$(단, a는 0이 아닌 상수)의 그래프는 아래와 같습니다.

① $a>0$일 때

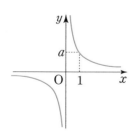

제1사분면과 제3사분면을 지난다.

② $a<0$일 때

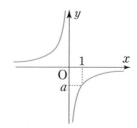

제2사분면과 제4사분면을 지난다.

문제 반비례 관계를 나타내는 실생활 문제를 찾아 그래프와 함께 설명해보세요.

풀이 피자 12조각을 x명의 친구들과 y조각씩 똑같이 나누어 먹으려고 할 때, x와 y의 관계를 표와 그래프를 통해 다음과 같이 나타낼 수 있습니다.

x(명)	1	2	3	4	6	12
y(조각)	12	6	4	3	2	1

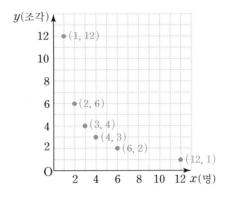

함수의 뜻

자동차가 이동한 시간에 따른 거리, 수돗물을 사용한 양에 따른 수도 요금처럼 우리 주변에는 한 양이 변하면 다른 양도 이에 따라 변하는 것들이 있습니다.

독일의 수학자 고트프리트 빌헬름 라이프니츠Gottfried Wilhelm Leibniz(1646~1716)는 변화하는 양 사이의 관계를 함수라는 용어로 처음 사용했습니다.

변화하는 양 사이의 관계를 어떻게 표현할까요? 변수가 두 개 필요합니다. 변수는 변하는 수들입니다. x와 y라고 합시다. 변화의 양상을 어떻게 표현하는지 다음의 보기를 통해 알아보겠습니다.

[문제] 완두콩에 싹이 난 지 x일 후의 키를 y cm라 하고 다음의 표를 작성해보세요.

x(일 후)	1	2	3	4	5	⋯
y(cm)	1	3	5	9	12	⋯

가) 완두콩이 싹이 난 지 1일 후의 키는 몇 cm인가요?
또, 2일 후의 키는 몇 cm인가요?

나) x의 값이 하나 정해지면, 그에 따라 y의 값은 몇 개로 정해지나요?

위의 활동에서 x의 값이 1, 2, 3, 4, ⋯로 변함에 따라서 y의 값이 1, 3, 5, 9, ⋯로 하나씩 정해집니다.

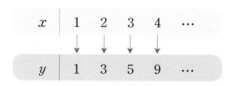

이와 같이 두 변수 x, y에 대하여 x의 값이 변함에 따라 y의 값이 하나씩 정해지는 대응 관계가 성립할 때, y를 x의 함수라고 합니다.

여기서는 완두콩의 키 y가 날짜 x에 대한 함수가 되는 것입니다.

x의 값에 따라 y의 값이 하나씩 정해져야 함수가 되는데요. 함수가 되는지 여부를 생각해보는 것은 중요합니다.

문제 자연수 x의 약수를 y라고 할 때, y는 x의 함수인가요?

풀이 자연수 x의 약수를 y라 할 때, x와 y사이의 대응 관계를 표로 나타내면 다음과 같습니다.

x	1	2	3	4	5	6	⋯
y	1	1, 2	1, 3	1, 2, 4	1, 5	1, 2, 3, 6	⋯

x의 값에 따라 y의 값이 하나씩 정해지는 대응 관계라고 할 수 없으므로 y는 x의 함수가 아닙니다.

문제 자연수 x의 약수의 개수를 y라고 할 때, y는 x의 함수인가요?

풀이 자연수 x의 약수의 개수를 y라 할 때, x와 y 사이의 대응 관계를 표로 나타내면 다음과 같습니다.

x	1	2	3	4	5	6	⋯
y	1	2	2	3	2	4	⋯

x의 값에 따라 y의 값이 하나씩 정해지는 대응 관계라고 할 수 있으므로, y는 x의 함수입니다.

함수의 식 표현

함수는 변화의 양상을 나타낸다고 했습니다. 보통은 변화의 양상에 규칙이 없습니다. 완두콩이 정해진 규칙에 따라 일정한 크기로 자라는 것은 아니지요. 그러나 변화에 일정한 규칙이 있는 함수들이 있는데, 이 함수들은 식으로 표현 가능합니다. 다음 보기를 통해 확인해봅시다.

음료수 3600 mL를 x명이 똑같이 나누어 마시려고 합니다. 한 사람당 마실 수 있는 음료수의 양을 y mL라고 하겠습니다.

변수 x와 y의 대응 관계를 표로 나타내면 아래와 같습니다.

x(명)	1	2	3	4	5	6	7	8	⋯
y(mL)	3600	1800	1200	900	720	600	$\dfrac{3600}{7}$	450	⋯

이때, 모든 경우에서 $xy=3600$입니다. 우리는 앞으로, x와 y의 대응 관계를 식 $y=\dfrac{3600}{x}$으로 나타낼 것입니다. 이와 같이 y가 x의 함수일 때, 이것을 $y=(x$에 대한 식)으로 나타냅니다.

$(x$에 대한 식)을 $f(x)$라고 하면, $y=f(x)$라는 기호로 간단하게 함수를 표현할 수 있습니다. 이제, 함수를 $y=f(x)$라고 할 겁니다. 간단하게 $f(x)$라고 할 수 있습니다.

함수 $f(x)$에서 x의 값에 따라 하나씩 정해지는 y값을 함숫값이라고 합니다. 예를 들어 함수 $y=\dfrac{3600}{x}$에서 $x=3$일 때의 함숫값은 $f(3)=\dfrac{3600}{3}=1200$입니다.

일차함수

여름철 폭염 대책 중 하나는 도로에 물을 뿌리는 것이겠죠. 어느 살수차의 물탱크에 9000 L의 물이 채워져 있습니다. 이 살수차로 1분에 60 L씩 물을 뿌린다고 합시다. x분 동안 물을 뿌린 후 물탱크에 남은 물의 양을 y L라고 할 때, 다음 문제들을 풀어보죠.

문제 가) 다음 표를 완성해보세요.

x	1	2	3	4	5
y					

나) 변수 x와 y사이의 대응 관계를 식으로 나타내세요.

위의 활동에서 x의 값이 변함에 따라 y의 값이 각각 하나씩 정해지므로 y는 x의 함수입니다. 처음 물탱크에 들어 있던 물의 양은 9000 L이고, 1분당 뿌리는 물의 양은 60 L이므로 x분 후에 물탱크에 남은 물의 양 y L는 $y = 9000 - 60x$, 즉 $y = -60x + 9000$과 같이 x에 대한 일차식으로 나타낼 수 있습니다.

일반적으로 함수 $y = f(x)$에서 y가 x에 대한 일차식 $y = ax + b$ $(a \neq 0)$으로 표현될 때, 이 함수를 x의 일차함수라고 합니다.

$y = 3x$, $y = 2x - 1$는 일차함수이고, $y = \dfrac{1}{x}$, $y = x^2 + 2$는 일차함수가 아닙니다.

함수의 그래프 그리기

함수는 두 변수 사이의 대응 관계이므로 좌표평면 위에 그래프로 나타낼 수 있습니다.

일차함수 $y=2x+1$에서 x의 값에 따라 정해지는 y의 값을 구하여 표를 그려보면 다음과 같습니다.

x	…	-3	-2	-1	0	1	2	3	…
y	…	-5	-3	-1	1	3	5	7	…

위의 표에서 얻은 순서쌍 …, $(-3, -5)$, $(-2, -3)$, $(-1, -1)$, $(0, 1)$, $(1, 3)$, $(2, 5)$, $(3, 7)$, …을 좌표로 하는 점을 좌표평면 위에 모두 나타내면, 다음의 〈그림 1〉과 같습니다.

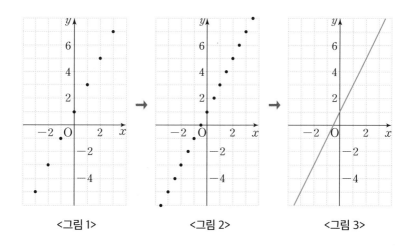

<그림 1>　　　　<그림 2>　　　　<그림 3>

한편 일차함수 $y=2x+1$에서 x의 값 사이의 간격을 점점 더 좁게 할수록 점 사이의 간격도 〈그림 2〉와 같이 점점 더 좁아집니다.

이때 x값의 범위를 수 전체로 하면, 〈그림 3〉과 같은 직선이 됩니다. 이 직선을 x의 값의 범위가 수 전체일 때, 일차함수 $y=2x+1$의 그래프라고 합니다.

일반적으로 x의 값의 범위가 수 전체일 때, 일차함수의 그래프는 직선으로 나타납니다.

기울기

다음의 그림과 같은 물병에 시간당 일정한 양의 물을 계속 넣으면, 물병의 아랫부분의 폭이 넓고 윗부분의 폭이 좁기 때문에 처음에는 물의 높이가 느리게 증가하다가 나중에는 물의 높이가 빨리 증가합니다.

즉 물을 x초 동안 넣었을 때의 물의 높이를 y cm라고 할 때, 두 변수 x와 y 사이의 관계를 그래프로 나타내면 다음과 같이 두 부분으로 나뉩니다.

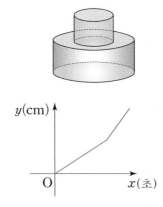

일반적으로 일차함수 $y=ax+b$에서 x값의 증가량에 대한 y값의 증가량의 비율은 항상 일정하며, 그 비율은 x의 계수 a와 같습니다. 이 증가량의 비율 a를 일차함수 $y=ax+b$의 그래프의 기울기라고 합니다.

기울기가 양수인 일차함수는 위로 올라가는 방향으로 직선이 그려지고, 기울기가 음수인 일차함수는 아래로 내려가는 방향으로 그려집니다.

[보기 1] 네 개의 일차함수 $y=x$, $y=2x$, $y=-x$, $y=-2x$의 그래프

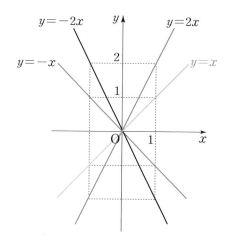

기울기의 부호와 절댓값의 크기에 따른 차이점을 확인하기 바랍니다. 특히, 기울기의 절댓값이 크면 y축에 가까운 직선이 그려진다는 사실을 기억하세요.

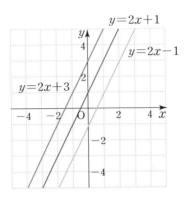

위의 그래프는 모두 평행합니다. 각 그래프의 식을 구해보면
$y=2x+3$, $y=2x+1$, $y=2x-1$이며, 기울기가 모두 같다는 것
을 확인할 수 있습니다. 평행한 일차함수들의 기울기는 서로 같습
니다.

이제 일반적인 일차함수 $y=ax+b$의 그래프의 성질을 정리해
보겠습니다.

① $a>0$일 때

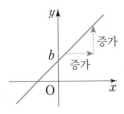

오른쪽 위로 향하는
직선이다.

② $a<0$일 때

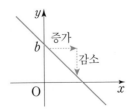

오른쪽 아래로 향하는
직선이다.

수학 교과서에서 한 걸음 더 나아가기

학생들이 수학에서 함수 부분을 가장 어려워한다고 했습니다. 다른 나라의 경우도 마찬가지입니다. 함수 교육을 다룬 연구 결과들에 의하면, 우리가 함수를 학습할 때 어려움을 겪는 가장 큰 이유는 함수를 나타내는 다양한 표상representation들을 상호 전환해서 생각하지 못하기 때문입니다.

함수의 지도에 관한 연구는 우리나라보다 미국에서 훨씬 많이 이루어졌습니다. 미국은 전미수학교사모임(NCTM)에서 수학 교육 과정의 틀을 만듭니다. 주마다 교육 과정은 조금씩 다르지만, 큰 틀은 비슷합니다. NCTM에서 수학 교육 과정을 만드는 원칙이 다섯 개가 있는데, 그중 하나가 표상규준representations standard입니다. 수학은 다양한 표현 방법이 있고 이들을 적극적으로 활용해야 한다는 내용입니다.

여기서 말하는 다양한 표상이란 함수가 나타내는 식, 순서쌍 (a, b), 표, 그래프, 언어 표현입니다. 똑같은 함수를 여러 가지 방법으로 표현할 수 있습니다. 다음 그림에선 식, 순서쌍, 표, 그래프가 나와 있습니다. 언어 표현으로 가능한 하나의 상황을 예로 생각해보면, 한 장소에서 출발한 자전거가 분당 0.2 km씩 이동하는 거리를 생각할 수 있겠습니다.

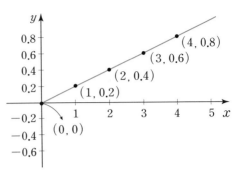

x(분)	y(km)
0	0
1	0.2
2	0.4
3	0.6
4	0.8

함수 관련 문제를 푸는 학생들은 대부분 식만을 사용하고 그래프나 표를 이용하는 데 익숙하지 않다는 다수의 연구 결과들이 있습니다. 즉 함수 학습에서는 다양한 표상을 적극 활용해야 하고, 특히 그래프로 표현하는 연습을 많이 해야 한다는 결론에 이릅니다.

수학 문제 해결

문제 일차함수 $y=mx$의 그래프는 원점을 지나는 직선입니다. m 값이 아주 큰 경우와 아주 작은 경우의 직선은 어떤 관계가 있을까요?

풀이 $y=-x$, $y=x$, $y=-2x$, $y=5x$, $y=-5x$와 같은 그래프를 그려보면서 m값에 따라 그래프가 어떻게 변하는지 확인해볼 수 있습니다. 컴퓨터와 같은 공학 도구를 사용하면 더 편리합니다. m의 값이 아주 크거나 작아지면 결국 어떻게 될까요? 직선이 점점 가까워지는데 결국 y축에서 만나는 형태가 됩니다. 아주 작은 기울기의 직선과 아주 큰 기울기의 직선이 바로 옆에 있는 것이죠.

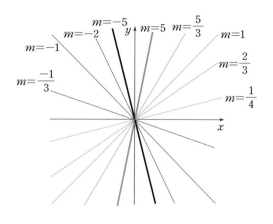

수학 발견술 1 　　　　　 아주 큰 것과 아주 작은 것은 가까이 있다.

문제 다음 그림과 같은 직선을 그래프로 하는 일차함수의 식을 구하세요.

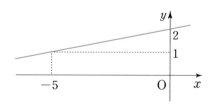

그래프(그림)만 보고 식을 구해야 합니다. 보통은 식을 보고 그래프 그리는 연습을 많이 하지요. 그런데 때로는 거꾸로 생각해야 합니다.

먼저 기울기를 살펴보지요. 직선 위의 두 점 $(-5, 1)$, $(0, 2)$ 사이의 $\dfrac{(y값\ 증가량)}{(x값\ 증가량)} = \dfrac{1}{5}$ 이 기울기입니다. 식은 $y = \dfrac{1}{5}x + b$ 가 되겠지요. 그런데, 이 직선은 $(0, 2)$를 지나므로 $b = 2$입니다. 그러므로 직선의 식은 $y = \dfrac{1}{5}x + 2$입니다.

수학 발견술 2　　　　　함수의 식과 그래프를 연결해서 생각하라.

문제 아래는 어떤 학생이 함수 문제를 풀면서 작성한 표, 식, 그래프입니다. 어떤 문제였을까요?

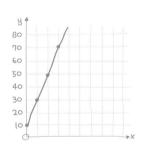

x	y
0	10
1	30
2	50
3	70
4	90

$y = 20(0) + 10$
10
$y = 20(1) + 10$
30
$y = 20(2) + 10$
50
$y = 20(3) + 10$
70
$y = 20(4) + 10$

풀이 하나의 예는 다음과 같습니다.

"물이 10리터 들어 있는 수족관에 1분당 20리터의 물을 넣는다. x분 후 수족관의 물은 몇 리터가 있는가?"

94

이 문제는 '문제 만들기' 문제입니다. 우리는 수동적으로 제시된 문제를 푸는 데 익숙하지만, 문제를 만들어보는 활동을 통해 수학을 창조할 수 있고, 수학 공부의 흥미를 느낄 수 있다는 점에서 의미가 있습니다.

수학 발견술 3	문제를 직접 만들어봐라.

수학 감성

아주 작지만 계속 성장하고 있다.

기울기가 양수인 일차함수의 경우는 그래프가 오른쪽으로 올라가는 직선입니다. 반대로 음수인 경우는 아래로 내려가지요. 여러분에겐 꾸준히 해오고 있는 일들이 있나요? 전 매일 비슷한 양의 독서와 조깅을 하고 있습니다.

x축을 과거, 현재, 미래로 이어지는 시간이라고 생각하고, y축을 그 일들을 한 양(독서한 페이지 수, 조깅 시간 등)이라고 하면, 일상을 그래프로 나타낼 수 있습니다.

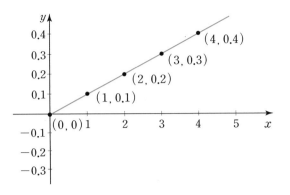

아주 작더라도 기울기가 양수인 직선을 그리고 싶습니다. 위의 직선은 기울기가 0.1인 일차함수의 그래프입니다. 매일 아주 조금씩 올라가고 있네요.

우린 남들과 비교하는 것에는 익숙합니다. 하지만 과거의 나에 비해 발전된 현재의 내 모습, 앞으로의 내 모습을 상상하는 것만으로 흐뭇하지 않나요? 물론 우린 인간인지라 기울기가 0이 되거나 음수일 수도 있습니다만 긴 인생의 관점에서 볼 때, 여러분의 삶이 점점 발전하기를 바랍니다.

다양한 관점에서의 기록과 분석

제가 학교 다니던 시절엔 다이어리를 많이 썼습니다. 연말이 되면, 서점에서 다양한 디자인의 다이어리를 볼 수 있었습니다. 다이어리를 사서 새해 계획을 짜 놓고 중요한 부분은 색연필로 강조하기도 했었죠.

기간별로 세워 둔 목표를 달성할 때마다 결과를 기록해놓고 분석하는 재미도 쏠쏠했습니다. 심심하면 그래프와 표도 그려 넣고, 그림도 그리는 낙서장과 같은 것이었습니다.

요즘엔 스마트폰이 많이 보급되어 있고 메모장이나 좋은 어플들이 많기 때문에 종이책 다이어리를 쓰는 사람이 많이 줄어들었습니다. 저도 이제 스마트폰 어플을 이용하고 있어요.

다이어리라고 해서 거창하지 않습니다. 기록을 남기는 것이죠. 미리 적는 것이 계획이고, 나중에 적으면 일기가 됩니다. 전 학생들에게 다이어리 작성을 추천하는데요. 기업이나 공공기관에서도 늘 쓰고 있는 것이 다이어리입니다.

기업이나 공공기관에서 어떤 사업을 진행할 때는 미리 계획을 세워놓고 추진 과정을 모니터링합니다. 스포츠 팀도 마찬가지입니다. 프로 야구나 축구팀의 상대 전적이라든가 선수들의 기록을 인터넷에서 쉽게 열람할 수 있습니다.

단순히 수치만 기록된 것이 아니고, 3차원 그래프를 이용해 변화 양상까지 한눈에 볼 수 있도록 분석해놓은 자료들입니다. 과거와 현재의 상황을 종합적으로 판단해 미래를 예측하고 계획했던 전략을 수정할 수 있습니다.

개인적인 차원에서도 마찬가지입니다. 예를 들어 학교 시험에는 과목마다 범위가 있지요. 여러분의 다이어리엔 시험 범위와 시험 날짜는 물론이고 필요한 공부 시간과 구체적인 계획들을 적어놓아야 합니다.

점수의 변화를 표와 그래프를 이용해 그려보고, 어떤 공부에 더 많은 시간을 투자해야 하는지 여러분이 직접 학습 플래너가 되어 분석해야 합니다. 치밀한 전략 아래서 좋은 결과도 나옵니다. 물론, 기대치 이하의 성적이 나올 수도 있지요. 하지만 학창 시절부터 치밀한 계획을 세워 기록하고 어떤 일에 도전해본 경험을 한 친구들은 미래의 불확실한 상황에서도 계획적이고 합리적인 판단을 할 수 있을 겁니다.

10

5일차

연립일차방정식

식과 이미지를 함께 떠올려라

말이나 글은 내 사고의 방법에 아무런 역할도 하지 않는 것 같다.
영감에 영향을 주는 정신적 실체는 재구성해서 만든 명확한 이미지이다.
— 알베르트 아인슈타인

들어가기

함수의 그래프는 우리에게 아주 익숙한 개념입니다. 예를 들어 일차
함수 $y=2x-1$의 그래프는 기울기가 2인 직선이 됩니다. 방정식의
그래프는 어떤가요? 우리에게 조금 생소하지만, 미지수가 두 개인
일차방정식은 함수와 마찬가지로 그래프를 그릴 수 있습니다.

일차함수 식 $y=2x-1$은 방정식 $2x-y-1=0$으로 표현할 수
있으며, 좌표평면에서 동일한 그래프가 그려집니다. 한 점에서 만
나는 두 개의 일차함수 그래프가 있으면, 그 교점을 방정식의 해로
해석할 수 있습니다. 이것이 방정식의 기하학적 해가 됩니다.

앞으로 여러분은 방정식과 그래프를 연결해 방정식의 해를 생각
해야 합니다. 다수의 수학 교육 연구 결과에서 학생들은 보통 식과

그래프 이미지 중에서 식을 더 많이 쓴다고 합니다.

하지만 그림을 이용하면 식에서 찾을 수 없는 직관적인 영감과 통찰을 얻을 수 있습니다. 그래프를 통해 방정식의 해를 고찰해 보면서 방정식을 함수의 관점으로 종합해 이해할 수 있게 되기를 바랍니다.

수학 교과서로 배우는 최소한의 수학 지식

미지수가 두 개인 일차방정식

x, y가 자연수일 때, $2x+y=8$을 만족시키는 x, y값을 구하기 위해서는 x의 값에 자연수 1, 2, 3, …을 차례대로 대입하여 구한 y값을 생각할 수 있습니다. 아래와 같은 표를 이용하면 됩니다.

x	1	2	3	4	5	…
y	6					…

$2x+y=8$은 미지수가 x, y로 두 개이고, 미지수의 차수가 모두 1인 방정식입니다. 이와 같이 미지수가 두 개이고, 차수가 1인 방정식을 미지수가 두 개인 일차방정식이라고 합니다.

일반적으로 미지수가 x, y인 일차방정식은 $ax+by+c=0\,(a,b$ 는 상수, $a\neq0$, $b\neq0)$으로 나타낼 수 있습니다.

위의 예에서 x, y가 자연수이므로 일차방정식 $2x+y=8$을 만족시키는 x, y값은 $x=1$, $y=6$ 또는 $x=2$, $y=4$ 또는 $x=3$, $y=2$뿐입니다. 이와 같이 미지수가 두 개인 일차방정식을 만족시키는 x, y의 값 또는 그 순서쌍 (x,y)를 이 일차방정식의 해라고 합니다.

x, y가 자연수일 때, 일차방정식 $2x+y=8$의 해를 순서쌍으로 나타내면, $(1,6)$, $(2,4)$, $(3,2)$입니다.

연립(일차)방정식

미지수가 두 개인 일차방정식 한 쌍을 묶어 놓은 것을 연립(일차)방정식이라고 합니다.

x, y가 자연수일 때, 연립방정식 $\begin{cases} x+y=8 \\ 3x+4y=26 \end{cases}$ 의 두 일차방정식을 동시에 만족시키는 x, y의 값을 구해봅시다.

먼저 $x+y=8$을 만족시키는 자연수 x, y의 값은 다음 표와 같습니다.

x	1	2	3	4	5	6	7
y	7	6	5	4	3	2	1

또한 $3x+4y=26$을 만족시키는 자연수 x, y값은 다음 표와 같습니다.

x	2	6
y	5	2

두 식을 동시에 만족시키는 x, y값은 $x=6, y=2$입니다. 순서쌍
으로는 $(6, 2)$로 쓸 수 있지요.

이와 같이 연립방정식에서 두 일차방정식을 동시에 만족시키는
x, y의 값 또는 그 순서쌍 (x, y)를 이 연립방정식의 해라고 합니다.

식을 조작해 연립방정식의 해를 구하기 위해서는 문자의 개수를
한 개로 줄여야 합니다. 다음의 예를 통해 문자 x, y 중 어느 하나를
소거하는 두 가지 방법을 알아보겠습니다.

문제 연립방정식 $\begin{cases} x=3-y \\ 2x-3y=1 \end{cases}$ 의 해를 구하세요.

풀이 식을 대입해 소거하는 방법

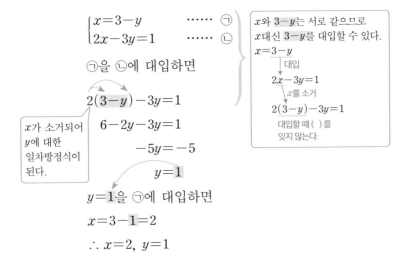

문제 연립방정식 $\begin{cases} 4x-3y=10 \\ 2x-y=6 \end{cases}$ 의 해를 구하세요.

풀이 두 식을 빼 소거하는 방법

$$\begin{cases} 4x-3y=10 & \cdots\cdots \ \text{㉠} \\ 2x-y=6 & \cdots\cdots \ \text{㉡} \end{cases}$$ 식에서 x를 소거하기 위하여 x의 계수를 같게 만들면

$$\begin{cases} 4x-3y=10 \\ 2x-y=6 \end{cases} \xrightarrow{\ \times 2\ } \begin{cases} 4x-3y=10 & \cdots\cdots \ \text{㉠} \\ 4x-2y=12 & \cdots\cdots \ \text{㉢} \end{cases}$$

㉠－㉢을 하면

$$\begin{array}{r} 4x-3y=10 \\ -)\ 4x-2y=12 \\ \hline -y=-2 \end{array}$$

$y=2$를 ㉡에 대입하면

$2x-2=6,\ 2x=8 \qquad \therefore\ x=4$

$\therefore\ x=4,\ y=2$

일차함수의 그래프를 이용해 연립방정식을 푸는 법

(1) 일차방정식과 일차함수의 그래프

일차방정식 $ax+by+c=0\,(a\neq0,\,b\neq0)$에서 y를 x에 대한 식으로 나타내면, $by=-ax-c$를 거쳐 $y=-\dfrac{a}{b}x-\dfrac{c}{b}$와 같은 일차함수의 식을 얻습니다. 이로부터 일차방정식 $ax+by+c=0\,(a\neq0,\,b\neq0)$의 그래프는 일차함수 $y=-\dfrac{a}{b}x-\dfrac{c}{b}$의 그래프와 같음을 알 수 있습니다.

(2) 연립방정식의 해와 일차함수 그래프의 교점의 관계

연립방정식의 해는 두 식에서 한 문자를 소거하여 구할 수 있지만, 두 일차함수의 그래프를 그려서 구할 수도 있습니다.

문제 연립방정식 $\begin{cases} x+3y=11 \\ 2x-3y=4 \end{cases}$ 의 해를 구하세요.

풀이 두 일차방정식 $x+3y=11$, $2x-3y=4$의 그래프는 각각 일차함수 $y=-\dfrac{1}{3}x+\dfrac{11}{3}$, $y=\dfrac{2}{3}x-\dfrac{4}{3}$의 그래프와 같습니다.

또 두 직선 위의 점의 좌표는 두 일차방정식 $x+3x=11$, $2x-3y=4$의 해이므로 두 직선의 교점의 좌표는 두 일차방정식의 공통의 해입니다. 따라서 연립방정식의 해는 두 일차함수 그래프의 교점의 좌표와 같습니다.

$x+3y=11$	x	$\cdots$	-4	-1	2	5	8	$\cdots$
	y	$\cdots$	5	4	3	2	1	$\cdots$
$2x-3y=4$	x	$\cdots$	-4	-1	2	5	8	$\cdots$
	y	$\cdots$	-4	-2	0	2	4	$\cdots$

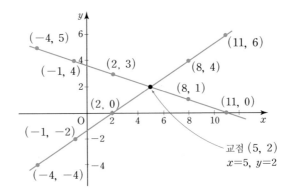

(3) 두 일차함수 그래프의 교점과 연립방정식의 해의 개수

두 일차함수의 그래프를 그려 연립방정식의 해를 구할 수 있는 방법을 학습했습니다. 평면에 그려진 두 일차함수의 그래프의 교점은 가) 교점이 단 하나인 경우, 나) 교점이 없는 경우, 다) 교점이 무수히 많은 경우로 분류할 수 있습니다.

연립방정식의 교점에 따른 해의 개수는 다음과 같이 정리할 수 있습니다.

가) 교점이 단 하나인 경우는 해가 한 쌍만 존재합니다.

나) 교점이 없는 경우는 해가 존재하지 않습니다.

다) 교점이 무수히 많은 경우는 해가 무수히 많습니다.

연립방정식 $\begin{cases} ax+by+c=0 \\ a'x+b'y+c'=0 \end{cases}$ 의 해의 개수는 두 일차방정식의 그래프인 두 직선의 교점의 개수와 같습니다.

두 직선의 위치 관계	한 점에서 만난다.	평행하다.	일치한다.
두 직선의 모양			
교점의 개수	한 개	없다.	무수히 많다.
연립방정식의 해의 개수	한 쌍	해가 없다.	해가 무수히 많다.
기울기와 y절편	기울기가 다르다.	기울기는 같고, y절편은 다르다.	기울기와 y절편이 각각 같다.

연립방정식 $\begin{cases} ax+by+c=0 \\ a'x+b'y+c'=0 \end{cases}$ 에서 두 식과 두 직선의 모양을 같이 고려하면,

가) 교점이 단 하나인 경우는 두 직선의 기울기가 다르기만 하면 됩니다.

즉 $\dfrac{a}{a'} \neq \dfrac{b}{b'}$ 이면, 연립방정식의 해는 한 쌍만 있습니다.

나) 교점이 없는 경우는 두 직선의 기울기는 같지만, y절편이 달라야 합니다.

즉 $\dfrac{a}{a'} = \dfrac{b}{b'} \neq \dfrac{c}{c'}$ 이면, 해가 존재하지 않습니다.

다) 교점이 무수히 많은 경우는 두 직선의 기울기와 y절편이 모두 같아야 합니다.

즉 $\dfrac{a}{a'} = \dfrac{b}{b'} = \dfrac{c}{c'}$ 이면, 해가 무수히 많이 있습니다.

수학 교과서에서 한 걸음 더 나아가기

지금까지는 연립방정식이 주어졌을 때 해를 구하는 방법들을 알아 봤습니다. 이번엔 역으로 생각해보겠습니다. 해가 주어졌을 때 연 립방정식을 만들어보는 것이죠.

문제 해가 $x=5$, $y=2$인 연립방정식을 만들어보세요.

해가 $x=5$, $y=2$인 연립방정식은 많이 있습니다.

예를 들어 $\begin{cases} x-y=3 \\ x+y=7 \end{cases}$ 과 같은 연립방정식을 생각할 수 있습니다.

그래프를 그려보면, 교점이 $(5, 2)$라는 것을 확인할 수 있습니다.

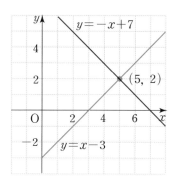

다른 일차방정식의 조합도 가능합니다.

$$\begin{cases} x+2y=9 \\ x-2y=1 \end{cases}, \begin{cases} x+3y=11 \\ 2x-y=8 \end{cases}, \cdots$$

위와 같이 무수히 많은 연립방정식을 찾을 수 있는 이유는 좌표평면에서 점 $(5, 2)$를 지나는 직선이 무수히 많기 때문입니다.

다음의 그림은 점 $(2, 2)$를 지나는 무수히 많은 직선을 나타냅니다. 여러분이 한번 여러 개의 연립방정식을 찾아보겠어요?

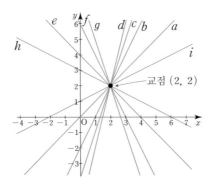

우리는 3일차에 문자를 활용하면 복잡한 상황을 단순하고 명료하게 표현할 수 있다고 배웠습니다.

좌표평면에 무수히 많은 직선의 식들을 단 한 줄의 식으로 표현하는 방법이 있습니다.

먼저 $x=2$, $y=2$가 해인 연립방정식을 하나만 만들어봅시다. 위의 수많은 직선 중에 단 두 개만 찾는 것입니다. $x+y=4$와 $2x+y=6$을 쉽게 떠올릴 수 있지요.

하나의 연립방정식 $\begin{cases} x+y=4 \\ 2x+y=6 \end{cases}$ $\cdots\cdots(*)$을 찾았습니다. 이제 더 많은 일차방정식을 찾아보겠습니다.

$(*)$식을 변형해 $x=2$, $y=2$를 대입하면,

$x+y-4=0$, $2x+y-6=0$이므로

$(x+y-4)m+(2x+y-6)=0$은 임의의 실수 m에 대하여 $(2,2)$를 반드시 지나는 직선입니다.

($a=0$, $b=0$이면, 항상 등식 $am+b=0$이 성립합니다).

우리가 찾을 수 있는 수많은 직선이 $(x+y-4)m+(2x+y-6)=0$

110

(단, m은 실수)와 같이 간단하게 표현된 것입니다.

m의 값을 바꿔가면서 점$(2, 2)$를 지나는 직선들을 확인해보시기 바랍니다.

수학 문제 해결

문제 다음 세 방정식을 동시에 만족시키는 a, b, c의 값을 구하세요.

$$\begin{cases} a+b+c=11 & \cdots\cdots \ \text{㉠} \\ a-b+c=5 & \cdots\cdots \ \text{㉡} \\ a+b-c=-1 & \cdots\cdots \ \text{㉢} \end{cases}$$

풀이 ㉠, ㉡, ㉢의 식을 이용해 문자의 수를 두 개로 줄여야 합니다. ㉡, ㉢을 더해보겠습니다. $2a=4$입니다. 따라서 $a=2$이고 $a=2$를 ㉠과 ㉡에 각각 대입하면,

$$\begin{cases} 2+b+c=11 & \cdots\cdots \ \text{㉠} \\ 2-b+c=5 & \cdots\cdots \ \text{㉡} \end{cases}$$

입니다. 이 식들을 정리하면,

$$\begin{cases} b+c=9 \\ -b+c=3 \end{cases}$$

입니다. 이제 연립방정식을 풀면 $b=3$, $c=6$이 나옵니다.

즉, $a=2$, $b=3$, $c=6$이 답입니다.

이 문제를 풀기 위해서는 문제에 주어진 세 개의 문자를 두 개 이하로 줄이는 것이 핵심 전략이었습니다. 식을 조작해 문자를 줄이십시오.

문자의 수를 줄여라.

문제 1000 L의 물이 차 있는 물탱크 A에서 매분 일정한 양의 물을 빼내고 있습니다. 또 250 L의 물이 차 있는 물탱크 B에 매분 일정한 양의 물을 채우고 있습니다. 두 물탱크의 시간에 따른 물의 양의 변화 그래프가 다음과 같을 때 두 물탱크의 물의 양은 몇 분후에 같아질까요?

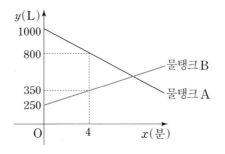

풀이 물탱크 A의 물의 양의 변화를 식으로 나타내면,

기울기가 -50이므로 $y = -50x + b$이며,

처음 들어 있던 물의 양이 1000이므로 $b = 1000$입니다.

따라서 $y = -50x + 1000$입니다.

마찬가지로 물탱크 B의 물의 양이 나타내는 그래프를 통해

112

식을 구하면, $y=25x+250$입니다.

두 식을 연립한 방정식을 풀면, $x=10$, $y=500$입니다.

즉 10분 뒤에 물의 양이 500 L로 같아집니다.

그래프를 확인하면 같은 지점이 있을 것이라는 믿음이 생깁니다. 두 방정식을 연립해 방정식의 해를 찾는 것은 그다음 일입니다. 그림을 통해 먼저 영감을 얻는 것이 우선입니다.

소수 정리의 증명을 통해 잘 알려진 유명한 프랑스의 수학자 자크 아다마르Jacque Hadamard(1865~1963)는 수학에서 창의적인 문제 해결을 하려면 반드시 그림을 그려야 한다고 강조했습니다. 수학 교육에서 문제 해결 전략을 오래 연구한 헝가리의 수학교육자 조지 폴리아George Pólya(1887~1985)나 앨런 숀펠드Alan Schoenfeld(1947~) 같은 학자들도 그림 그리기 전략은 수학 문제 해결에서 가장 전통적이고 강력한 발견술임을 강조하고 있습니다.

근본적으로 수학의 본질은 대수와 기하의 연결인지도 모릅니다. 프랑스의 수학자이자 물리학자였던 마리소피 제르맹Marie-Sophie Germain(1776~1831)은 "대수학은 글로 쓴 기하학이고, 기하학은 그림으로 그린 대수학이다"라는 말을 남기기도 했습니다.

수학 발견술 2　　　　　식과 이미지를 함께 떠올려라.

문제 일차방정식 $3x-y=1$의 그래프를 이용하여 해가 단 하나인 연립방정식, 해가 없는 연립방정식, 해가 무수히 많은 연립방정식을 각각 만들어보세요.

풀이 $3x-y=1$의 그래프는 다음과 같습니다.

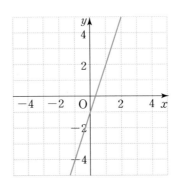

각 조건을 만족시키는 연립방정식을 구해보기로 합시다.

가) 해가 하나인 경우: $\begin{cases} 3x-y=1 \\ (\quad ❶ \quad) \end{cases}$

　　　❶ 에 가능한 방정식의 예: $2x+y=9$

나) 해가 없는 경우: $\begin{cases} 3x-y=1 \\ (\quad ❷ \quad) \end{cases}$

　　　❷ 에 가능한 방정식의 예: $3x-y=2$

다) 해가 무수히 많은 경우: $\begin{cases} 3x-y=1 \\ (\quad ❸ \quad) \end{cases}$

　　　❸ 에 가능한 방정식의 예: $6x-2y=2$

114

연립방정식은 크게 해가 한 쌍이 있는 경우(교점이 한 개), 해가 없는 경우(교점이 없음), 해가 무수히 많은 경우(교점이 무수히 많음)가 있습니다. 이 3가지 형태의 연립방정식으로 분류해 구성할 수 있어야 하겠습니다.

수학 발견술 3	유형을 분류하라.

수학 감성

심플하게 산다

미지수가 두 개인 일차방정식 $x+y=6$의 해는 하나로 정할 수 없습니다. x, y값들로 가능한 수들이 무한히 많습니다. 단 하나로 정해지기 위해선 식이 하나 더 필요합니다.

변수가 n개 있으면, 원칙적으로 식도 n개가 제시되어야 모든 미지수의 값이 하나씩 결정됩니다. 변수를 많이 만드는 일은 현명하지 못할 때가 많습니다. 미지수가 무엇인지 찾기 위해 식이 더 필요하기 때문입니다.

미지수가 늘어나면 필요한 만큼의 식이 모두 있다고 해도 해를 쉽게 구할 수 없는 경우도 있습니다. 때론 컴퓨터의 도움을 받기도 하지만 변수가 너무 많을 경우 컴퓨터의 계산 능력이 뒷받침되지 않을 수도 있기 때문입니다. 변수를 줄이고 심플하게 살아보는 것은 어떨까요?

요즘 현대인들은 심플한 삶에 관심이 많습니다. 나에게 필요한 것만 소유하는 것이지요. 심플한 생활의 여백이 바로 행복입니다. 심플한 삶을 통해 행복 여백을 더 많이 만드시기 바랍니다.

손익분기점

손익분기점에 대해 알아보겠습니다. 어떤 제품을 만들어 판매할 때 판매 금액이 총 생산 비용보다 많으면 이익이고, 적으면 손실이 생깁니다. 판매 금액은 제품의 가격에 판매량을 곱한 금액이지요. 판매량에 대한 일차함수가 됩니다.

생산 비용에는 시설비, 연구비와 같은 고정 비용과 재료비, 운반비와 같은 생산량에 따라 변하는 비용이 있습니다. 다음 그림에서 검은색 직선은 판매 금액을, 초록색 직선은 생산 비용을 나타냅니다. 초록색 직선이 검은색 직선보다 위쪽에 있을 때는 손실이 발생하고, 그 반대인 경우엔 이익이 발생하는 것이죠. 이 두 직선이 만나는 점이 판매 금액과 생산 비용이 같은 손익분기점입니다.

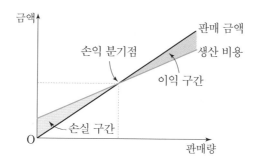

여러분이 빵집을 운영한다고 가정해봅시다. 열심히 개발해서 신제품을 출시한다고 하죠. 시설비와 연구비로 36000원의 고정 비용이 나갔습니다. 또한 제품 한 개를 만들 때마다 600원씩 들어간다고 합시다. 그러면 신제품 x개를 만드는 데 드는 비용을 y원이라고 할 때, x와 y사이의 관계식을 직접 구할 수 있습니다. 생산 비용은 $y=600x+36000$입니다. 이제 신제품을 판매해야겠죠. 개당 가격을 1200원으로 정했습니다. x개를 판매하여 얻은 수입을 y원이라고 할 때, x와 y사이의 관계를 식으로 나타내면 $y=1200x$이겠지요. 이를 좌표평면에 나타내면 다음과 같습니다.

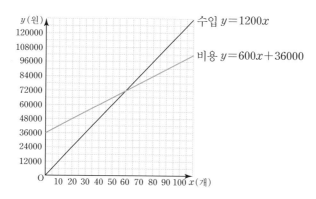

빵집 사장님이신 여러분은 "빵을 몇 개 팔아야 순이익이 생기는 가?" 같은 문제를 스스로 만들어 해결해야 합니다.

생산 비용과 판매 수입이 같아지는 손익분기점을 생각해야 합니다. 60개이지요. 빵을 60개는 팔아야 본전이고, 그다음부터는 순이익이 발생합니다. 여러분이 목표한 순이익이 있겠죠? 몇 개를 팔면 목표를 달성할 수 있을까요? 식과 그래프에 답이 나와 있습니다.

직선 두 개로 만드는 또 다른 직선

좌표평면에 자로 직선을 그어봅시다. 무수히 많은 직선을 그릴 수 있습니다.

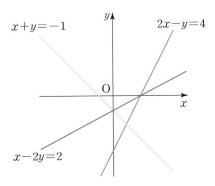

두 개의 직선은 매우 특별한 경우(기울기가 같은 경우)를 제외하면, 한 점에서 만납니다. 그런데 세 개 이상의 직선은 어떨까요? 세 직선이 동시에 한 점에서 만나기는 쉽지 않습니다. 한 점에서 만나는 직선을 여러 개 찾아야 한다고 가정해봅시다. 예를 들어 $(4, 2)$

를 지나는 직선이 여러 개 필요합니다. 어떻게 찾아야 할까요? 우리는 이미 앞에서 공부를 했습니다

$$m(x-4)+(y-2)=0$$

$x=4$, $y=2$가 되면, m의 값에 관계없이 위 식이 성립합니다. 수학에선 항등식이라고 합니다. 즉 m의 값이 어떤 수가 되더라도 이 직선의 그래프는 반드시 점 $(4, 2)$를 지납니다. 아래에 두 개의 예가 나와 있습니다.

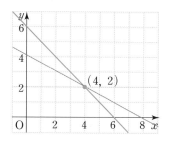

가) 초록색 직선: $m=1$인 경우, $x+y-6=0$

나) 검은색 직선: $m=\dfrac{1}{2}$인 경우, $x+2y-8=0$

$(4, 2)$를 지나는 또 다른 직선은 m의 값을 바꿔가면서 여러 개 찾을 수 있습니다.

이제 한 걸음 더 나아가기에서 공부한 내용을 살펴보겠습니다. 점이 아니라 직선 두 개가 주어졌을 때, 이들의 교점을 지나는 다른 직선들을 찾는 것이었죠. 교점을 구하지 않고도 두 직선의 식만 있으면 됩니다.

위의 초록색 직선과 검은색 직선을 다시 예로 들겠습니다.

가) 초록색 직선: $x+y-6=0$

나) 검은색 직선: $x+2y-8=0$

2개의 직선만 있으면 충분합니다.

이번엔 식 $(x+y-6)m+(x+2y-8)=0$ ……$(*)$에서 m값만 바꿔주면 됩니다. 두 직선의 식만으로 교점을 지나는 다른 직선들을 구할 수 있는 것이죠. 주어진 두 직선의 식으로 만들어진 식 $(*)$을 통해 또 다른 직선을 만들 수 있습니다..

단 두 개의 직선으로부터 의미 있는(여기서는 교점을 지나는) 수 많은 직선이 탄생합니다. 이미 두 개의 직선을 가지고 있다면, 무한 히 많은 다른 직선을 만들 수 있는 것이죠.

우리의 인지 구조는 기초가 되는 바탕 지식을 통해 새로운 지식 을 받아들입니다. 어떤 일이든 기초 작업을 열심히 해 놓아 어느 수 준까지 완성해 놓아야 합니다. 그다음부터는 일이 비교적 수월하게 진행됩니다.

아직 직선 두 개가 없다고요? 기초 작업이라고 생각하고 딱 두 개의 직선을 만들 때까지만 버티는 겁니다. 그 뒤엔 더 많은 직선을 쉽게 찾을 수 있을 테니 말이죠.

우리나라에
'수포자'와 '수학 클리닉'이 있는 이유

아마도 이 글을 읽고 계신 분들은 모두 '수포자'라는 단어를 알고 있을 겁니다. 이 단어를 모르는 사람들은 거의 없을 텐데요. 그래서일까요? 신기하게 국어사전에도 나와 있습니다. 이제는 학생들이나 수학 선생님들뿐만 아니라 일반인조차도 수포자라는 단어를 아무렇지도 않게 사용합니다.

언론 매체에서도 수포자 문제를 다루는 장면을 흔히 볼 수 있습니다. 전국에 있는 교육청에서는 한 술 더 떠 '수포자 구출 작전'이라는 목표를 세우고 '수학 클리닉'을 만들어 '수포자'들을 치료하고 있기도 합니다.

인터넷 검색 창에서 수학 클리닉을 검색해 보십시오. 수십 페이지에 걸쳐 다양한 종류의 수학 클리닉을 확인할 수 있습니다.

수포자라는 말이 오고가는 삭막한 수학 교실에서 아이들은 어떤 꿈을 꾸고 있을까요? '클리닉'은 병을 치료하는 병원을 말하는데, 그렇다면 수학을 못하는 것이 병인가요? 다른 나라의 상황이 궁금했습니다. 저는 싱가포르에 오자마자 현지 학생들이나 교사들에게 수포자와 비슷한 의미의 단어가 있는지 확인했습니다. 그들은 왜 그런 질문을 하냐는 식의 반응을 보였습니다. 조금 더 알아보니 수포자라는 단어는 우리나라에만 있는 단어였습니다. 외국에서 출판된 수학 도서들을 보면, 수포자라는 단어가 없습니다. 그런데, 서점에 가보십시오. 우리나라의 수학 도서들에선 수포자라는 단어가 아주 빈번하게 등장합니다. 제목에 큰 글씨로 강조해놓은 책들도 아주 많이 있습니다.

수학은 추상적이고 어렵습니다. 고대 그리스 이래로 수학은 소수의 천재만이 취미생활로 즐기던 학문이었고, 일부 사람들이 최근에 이르러 대중들을 위해 정리해놓은 형태가 지금 여러분이 배우고 있는 수학의 모습입니다.

동서고금을 막론하고 아주 일부 사람들만이 수학을 잘하고, 또 좋아합니다. 수포자라는 단어는 없지만 전 세계 대부분 학생들이 수학을 어려워하고 있습니다.

그렇다면 왜 유독 우리나라에서만 '수포자'나 '수학 클리닉'이라는 단어를 사용할까요? 이 단어들을 과연 누가 만들었을까요? 우리나라만의 독특한 경쟁 문화 내지는 타인과 비교를 즐겨하는 사회 문화적 요소에 기인하는 현상일 것이라고 추측해봤습니다. 일종의 낙인 프레임에서부터 유래된 것이죠. 심지어 수학교육 전문가들은 '수포자' 프레임을 상업적으로 이용하려고 부단히 노력하고 있습니다. 결국 피해를 보는 것은 순수한 학생들입니다. 수학을 잘하는 학생이나 그렇지 않은 학생 모두가 수학을 싫어하게 됩니다.

수학이 정말 어렵고 누구나 잘할 수 없다는 것을 솔직하게 인정하는 것부터 시작해야 합니다. 어려운 수학에 흥미를 갖고 조금 덜 어렵게 공부할 수 있는 방법을 찾아봐야 합니다. 우리 아이들에게는 똑똑한 수학 선생님보다는 따뜻한 선생님이 더 필요합니다.

현재 우리나라의 수학 교육 전문가들은 우리가 직면한 수학 교육의 문제에 대한 탈출구를 올바로 제시해주지 못하고 있습니다. 의견이 모두 다 다릅니다. 교육과정을 바꿀 때가 되면, 수학 개념 한 가지를 포함시킬지 여부에 대한 갑론을박이 아주 시끄럽습니다.

사공의 의견이 모두 다르다 보니 결국 학생들이 타고 있는 '수학 배'가 이미 산으로 와 있습니다. 결코 하루 아침에 해결될 일이 아닙니다. 그래도 분명한 것은 아마 우리가 '수포자'나 '수학 클리닉'이라는 단어를 절대로 쓰지 않는 것부터 시도해나가야 한다고 믿습니다.

정확한 답을 구하는 것도 중요하지만, 내 생각을 논리적으로 전개하는 과정이 더 중요합니다. 빼곡한 수식으로 가득 찬 차가운 수학 교실보다는 누구나 수학을 자유롭게 음미할 수 있는 수학 교육 문화가 우리나라에도 정착되길 기대합니다.

도형 ①

비밀의 문을 여는 열쇠는 가까운 곳에서 찾아라

기하는 진리를 향한 영혼을 이끌어내고 철학적 정신을 창조한다.
— 플라톤

들어가기

고대 그리스 플라톤 학당의 입구에는 "기하학을 모르는 자 들어오지 말라"라는 문구가 적혀 있었다고 합니다. 도형을 연구하는 기하학geometry이 고대 그리스 수학의 주류였다는 것을 엿볼 수 있는 대목입니다. 플라톤의 제자였던 유클리드가 저술한 《원론》 1권에 나오는 첫 명제가 바로 정삼각형의 작도법입니다.

> 선분의 양 끝점에서 그 선분을 반지름으로 갖는 두 개의 원을 그리면 교점이 생기는데, 그 교점을 선분의 양 끝점과 연결하면 정삼각형이 된다.

고대 그리스인들은 선분만을 그릴 수 있는 자와 원을 그릴 수 있는 컴퍼스, 이 두 가지 도구로 기하학의 수많은 도형을 완벽히 그려냈습니다. 여기서 작도법은 단순히 도형을 만드는 기술이나 알고리즘 이상의 의미를 갖고 있습니다.

선분의 길이나 각도를 '측정할 수 없는' 도구만으로 더 정확한 도형을 그리는 것은 각 단계가 모두 수학적 사고 과정의 연속이었으며, 고대 그리스인들에게 놀라운 발견의 기쁨을 선사했습니다.

이번 강의에서는 작도에 대한 개념을 기본 바탕으로 하는 삼각형의 합동조건, 삼각형의 외심, 도형의 닮음을 차례로 학습합니다. 특히 삼각형의 합동조건은 증명의 과정에서 필수적으로 사용되는 내용이기 때문에 잘 알고 있어야 합니다. 삼각형의 외심은 수직이등분선의 작도로 찾을 수 있으며, 삼각형의 닮음 조건은 삼각형의 합동 조건을 확장한 개념으로 다양한 수학 명제를 증명할 때 사용됩니다.

수학 교과서로 배우는 최소한의 수학 지식

작도

다음 그림에서 눈금이 없는 자와 컴퍼스가 나옵니다.

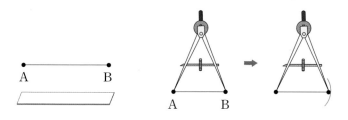

눈금이 없는 자는 두 점을 연결하는 선분을 그리거나 선분을 연장하는 데 사용하고, 컴퍼스는 원을 그리거나 주어진 선분의 길이를 옮기는 데 사용합니다. 이와 같이 눈금 없는 자(길이를 측정할 수 없는 자)와 컴퍼스만을 사용하여 도형을 그리는 것을 작도라고 합니다.

작도에서 사용되는 자는 눈금이 없기 때문에 두 점 사이의 거리나 선분의 길이를 측정할 수 없습니다. 또한 각의 크기를 잴 때도 각도기를 이용할 수 없습니다. 고대 그리스의 수학자들은 직선을 그을 수 있는 자와 원을 그릴 수 있는 컴퍼스라는 가장 기본적인 두 가지 도구만으로 기하학의 수많은 도형을 만들었습니다. 그래서 작도에 필요한 두 가지 도구를 유클리드 도구라고도 합니다.

(1) 크기가 같은 각 작도(각 그대로 옮기기)

도형에서 가장 중요한 것은 선분과 각을 그리는 것입니다. 길이가 같은 선분은 컴퍼스와 자를 이용해 쉽게 옮길 수 있습니다. 여기서는 각을 그대로 옮기는 방법을 공부합니다.

우리는 크기가 같은 각을 각도기를 이용해 쉽게 그릴 수 있지만, 작도의 과정에서는 각도기를 이용할 수 없습니다. 유클리드 도구만

을 이용해 주어진 각과 크기가 같은 각을 그려봅시다. 아래 그림과
같이 처음 주어진 각을 ∠XOY라고 합시다.

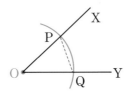

이제 ∠XOY와 같은 각을 작도해보겠습니다.

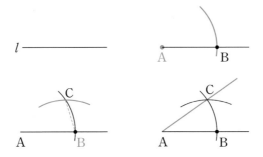

가) ∠XOY에서 점 O에 컴퍼스를 대고 원을 그려요. 원과 선분
OX가 만나는 점을 P, 원과 선분 OY가 만나는 점을 Q라고
하지요.

나) 일단 이렇게 해놓은 상태에서 크기가 같은 새로운 각을 그릴
선분을 하나 그어요. 선분 *l* 이라고 할까요?

다) 선분 *l* 의 한쪽 끝점 A에 컴퍼스 바늘을 놓고 가)에서 그렸
던 원과 반지름이 같은 원을 그려요. 이 원이 선분 *l* 과 만나
는 점을 B라고 해보죠.

라) 컴퍼스를 이용해서 점 P와 점 Q 사이의 거리만큼을 재요. 그리고 점 B에 컴퍼스 바늘을 놓고 원을 그립니다. 이 원과 다)에서 그린 원과의 교점이 생깁니다. 이 교점을 C라고 할게요.

마) 점 A와 점 C를 자를 대고 연결해요.

위의 가~마)의 순서대로 작도할 경우 ∠CAB가 ∠POQ와 같은 각이 됩니다.

(2) 정삼각형의 작도

유클리드《원론》에는 정삼각형, 정사각형, 정오각형, 정육각형, 정15각형의 작도 방법도 나옵니다.

여기서는 정삼각형의 작도법을 살펴보겠습니다.

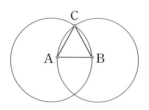

먼저 선분 AB가 주어졌다고 합시다. $\overline{AB}$를 한 변으로 하는 정삼각형을 유클리드 도구로 그려보겠습니다.

가) 점 A에 컴퍼스 중심을 놓고 점 B까지의 길이를 반지름으로 하는 원을 그립니다.

나) 점 B에 컴퍼스 중심을 놓고 점 A까지의 길이를 반지름으로
   하는 원을 그립니다.

다) 두 원이 만나는 점을 점 C라고 하면, $\overline{AB}$, $\overline{BC}$, $\overline{CA}$의 길이
   는 동일한 크기의 원의 반지름이므로 모두 같습니다. 그러므
   로 삼각형 ABC는 정삼각형입니다.

(3) 삼각형이 단 하나로 정해지는 경우

삼각형 ABC와 합동인 삼각형을 작도하는 방법을 알아보죠.

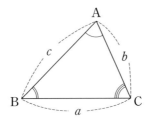

합동인 삼각형을 작도할 때 세 변과 세 각(삼각형의 6요소)을
모두 알아야 할 필요는 없습니다.

다음의 각 조건만 주어진다면, 삼각형은 단 하나로 정해집니다.

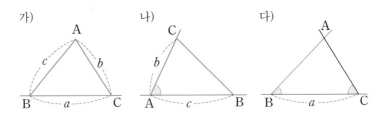

가) 세 변의 길이가 주어질 때

나) 두 변의 길이와 그 끼인각의 크기가 주어질 때

다) 한 변의 길이와 양 끝 각의 크기가 주어질 때

위의 조건 다)에서는 두 삼각형의 한 변의 길이와 반드시 양 끝 각이 같아야 합니다. 만일 양 끝 각이 같다는 조건이 명시되어 있지 않을 경우 아래와 같이 여러 개의 삼각형이 만들어질 수 있으므로 삼각형이 하나로 정해지지 않습니다.

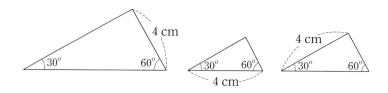

삼각형이 하나로 정해지지 않는 예를 더 살펴보겠습니다

가) 두 변의 길이와 그 끼인 각이 아닌 한 각의 크기가 주어질 때

> 두 변의 길이가 6 cm, 4 cm이고 그 끼인 각이 아닌 한 각의 크기가 30°인 삼각형

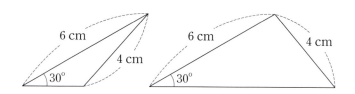

나) 세 각의 크기가 주어질 때

세 각의 크기가 30°, 70°, 80°인 삼각형

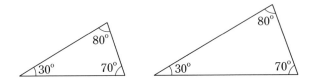

다) 한 변의 길이와 그 양 끝 각이 아닌 두 각의 크기가 주어질 때

한 변의 길이가 5 cm이고 그 양 끝 각이 아닌 두 각의 크기가 30°, 120°인 삼각형

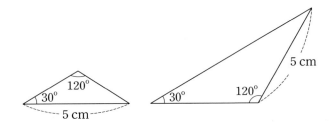

삼각형의 합동조건

세 변의 길이와 세 각의 크기가 모두 같은 삼각형은 서로 합동입니다. 다음의 그림과 같이 △ABC와 △DEF가 서로 합동일 때, 기호 △ABC≡△DEF로 나타냅니다.

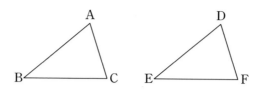

삼각형의 세 변의 길이와 세 각의 크기를 모두 이용하지 않더라도 앞의 조건 가), 나), 다)의 어느 한 조건만 있으면 합동인 삼각형을 작도할 수 있습니다. 이를 통해 다음과 같은 삼각형의 합동조건을 알 수 있습니다.

삼각형의 합동조건

두 삼각형은 다음 중 어느 하나의 조건을 만족시키면 서로 합동이다.

① 세 대응변의 길이가 각각 같을 때

② 두 대응변의 길이가 각각 같고, 그 끼인 각의 크기가 같을 때

③ 한 대응변의 길이가 같고, 그 양 끝 각의 크기가 각각 같을 때

변Side과 각Angle의 첫 글자를 따서 앞의 세 합동조건을 각각 SSS합동, SAS합동, ASA합동이라고 부릅니다.

수직이등분선의 작도

삼각형의 합동 조건을 이용하면 수직이등분선을 작도할 수 있습니다. 수직이등분선이란 한 선분을 수직으로 이등분한 선입니다.

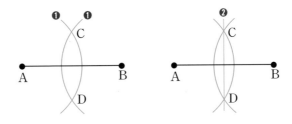

작도법은 간단합니다. 선분의 양 끝점 A, B에서 같은 반지름을 갖는 원을 그린 후 만나는 두 교점을 연결하면 됩니다. 단, 교점이 2개 나오도록 적당한 원을 그려야 하겠지요?

작도의 아이디어는 마름모입니다. 선분, AC, AD, BC, BD는 모두 길이가 같기 때문에 점 A, C, B, D를 연결하면, 마름모가 됩니다. 선분 AB와 선분 CD가 만나는 점을 M이라고 하면, 마름모의 성질에 의해, 삼각형 AMC, AMD, BMC, BMD는 모두 합동(ASA합동)입니다.

따라서 선분 AM, BM의 길이가 같고, 선분 AB와 CD는 직교합니다. 결국 선분 CD는 수직이등분선이 맞군요.

삼각형의 외심

(1) 외심의 정의

세 점이 모두 한 직선 위에 있지 않다고 가정해봅시다. 과연 세 점에서 같은 거리에 있는 점은 어떻게 알 수 있을까요?

다음의 왼쪽 그림에서 초록색 점이 우리가 찾고 있는 점이라고 가정하면, 이 점에 컴퍼스의 중심을 잡고 세 점을 지나는 원을 그릴 수 있습니다. 점 세 개를 지나는 원은 단 하나 있습니다.

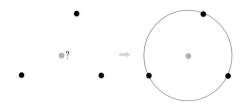

이제 세 점을 생각하지 말고, 세 점을 이어 만든 삼각형을 생각합시다. 삼각형의 세 꼭짓점을 지나는 원(외접원)을 생각하면, 우리가 찾은 초록색 점은 외접원의 중심이 되는데, 이 점을 외심이라고 합니다.

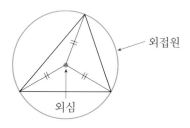

(2) 외심의 작도 방법

외심에서 각 꼭짓점까지의 거리가 모두 같아야 합니다. 이 성질을 만족시키기 위해 필요한 개념이 앞에서 살펴본 수직이등분선입니다.

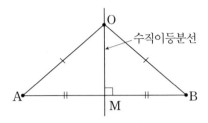

어떤(우리가 외심이라고 생각하는) 점 O가 선분 AB의 수직이등분선 위에 있다면, 그 점은 두 점 A, B에서 같은 거리에 있습니다.

왜 그럴까요?

점 O가 선분 AB의 수직이등분선 위에 있다고 생각합시다. 선분 AB의 중점을 M이라고 하면, 선분 AM와 BM의 길이가 같고(이등분선조건), $\overline{OM}$은 공통, 그리고 각 AMO와 BMO가 같으므로(수직조건) 삼각형 AMO와 BMO는 SAS 합동입니다. 따라서 $\overline{AO}$와 $\overline{BO}$는 길이가 같습니다.

다음의 그림과 같은 삼각형 ABC에서 변 AB와 AC의 수직이등분선의 교점을 O라고 합시다. 점 O는 선분 AB, AC의 수직이등분선 위에 있으므로, $\overline{OA} = \overline{OB} = \overline{OC}$입니다. 즉 점 O에서 세 꼭짓점에 이르는 거리는 같습니다.

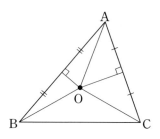

이제 나머지 변 BC에서 그은 수직이등분선이 점 O를 지나는지 확인해봅시다. 두 변의 수직이등분선의 교점만으로 외심을 구할 수 있지만 세 변의 수직이등분선의 교점이 한 점에서 만나는 것을 확인하는 것도 중요합니다.

먼저 점 O에서 변 BC에 내린 수선의 발을 D라고 하면, $\overline{BD}=\overline{CD}$임을 보이면 충분합니다. 두 직각삼각형 BOD와 COD에서 $\overline{OD}$는 공통이고, 앞에서 확인한 바와 같이 $\overline{OB}=\overline{OC}$이므로, 직각삼각형 BOD와 COD는 합동입니다. 따라서 $\overline{BD}=\overline{CD}$이고 $\overline{OD}$가 변 BC의 수직이등분선의 일부가 맞군요.

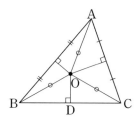

즉 삼각형 ABC의 세 변의 수직이등분선은 한 점에서 만나고, 그 점에서 삼각형의 세 꼭짓점에 이르는 거리가 모두 같으므로 삼각형의 세 꼭짓점을 지나는 원을 그릴 수 있는 것입니다. 다음의 그림과

내용으로 외심을 정리합니다.

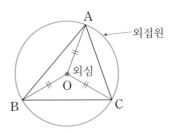

가) 삼각형의 세 변의 수직이등분선은 한 점(외심)에서 만난다.

나) 삼각형의 외심에서 세 꼭짓점에 이르는 거리는 같다.

종이접기를 이용한 외심 찾기

① 예각 삼각형 ABC를 만든다.

② 두 꼭짓점 A와 B가 겹치도록 접었다가 펼친다.

③ 두 꼭짓점 A와 C가 겹치도록 접었다가 펼친다.

②와 ③에서 두 선의 교점을 O라 표시하면, O가 삼각형 ABC
의 외심이다.

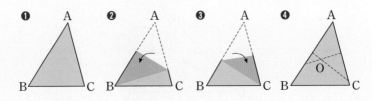

(3) 외심의 위치

예각삼각형의 외심은 삼각형의 내부에, 둔각삼각형의 외심은 삼각
형의 외부에 있습니다. 또한 직각삼각형의 외심은 빗변의 중점에

140

위치합니다.

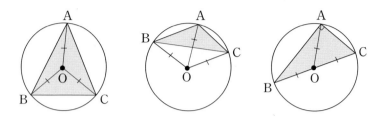

문제 7세기경 신라 유적지인 영모사지에서 다음 그림과 같이 깨진
얼굴 무늬 수막새가 출토되었습니다. 이 기와가 원래 원모양
이었다고 할 때, 이 원의 중심은 어떻게 찾을까요?

풀이 기와의 가장자리에 세 점 A, B, C를 잡고 삼각형 ABC의 세
변의 수직이등분선의 교점인 외심 O를 찾으면, 점 O는 원모양
기와의 중심이 됩니다.

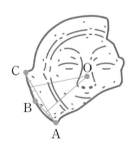

삼각형의 닮음

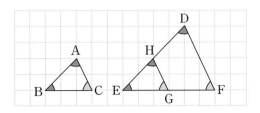

$\triangle$DEF의 각 변의 길이를 $\frac{1}{2}$배로 축소한 $\triangle$HEG는 $\triangle$ABC와 합동 관계입니다. 결국 $\triangle$ABC는 $\triangle$DEF는 닮은 도형입니다.

$\triangle$ABC와 $\triangle$DEF에서 $\overline{AB} : \overline{DE} = \overline{BC} : \overline{EF} = \overline{CA} : \overline{FD} = 1 : 2$이므로 대응하는 변의 길이의 비가 일정함을 알 수 있습니다. 또, $\angle A = \angle D$, $\angle B = \angle E$, $\angle C = \angle F$이므로 대응하는 각의 크기가 같음을 알 수 있습니다.

$\triangle$ABC와 $\triangle$DEF가 서로 닮은 도형일 때는 기호를 사용해 $\triangle$ABC$\backsim$$\triangle$DEF로 나타냅니다. 이때 두 도형의 꼭짓점은 대응하는 순서로 씁니다.

평면도형에서 닮음과 성질

서로 닮은 두 평면도형에서

① 대응하는 변의 길이의 비는 일정하다.

② 대응하는 각의 크기는 같다.

일반적으로 두 삼각형에서 세 쌍의 대응하는 변의 길이의 비가 일정하고, 세 쌍의 대응하는 각의 크기가 각각 같으면, 두 삼각형은 서로 닮은 도형입니다. 그런데, 합동조건과 마찬가지로 이들 조건 중에서 일부만으로도 두 삼각형은 서로 닮은 도형이 될 수 있습니다.

두 삼각형은 다음의 각 경우에 서로 닮음입니다.

가) 대응하는 세 쌍의 변의 길이의 비가 같을 때

$$a : a' = b : b' = c : c'$$

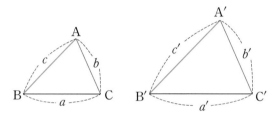

나) 대응하는 두 쌍의 변의 길이의 비가 같고, 그 끼인각의 크기가 같을 때

$$a : a' = c : c', \ \angle B = \angle B'$$

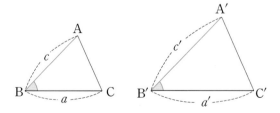

다) 대응하는 두 쌍의 각의 크기가 각각 같을 때

$$\angle B = \angle B', \ \angle C = \angle C'$$

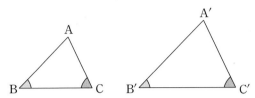

변Side과 각Angle의 첫 글자를 사용하여 삼각형의 닮음 조건 가),
나), 다)를 간단히 SSS 닮음, SAS 닮음, AA 닮음으로 나타내
기도 합니다.

문제 그림과 같이 ∠A=90°인 직각삼각형 ABC의 꼭짓점 A에서
빗변 BC에 내린 수선의 발을 D라고 할 때, 직각삼각형 ABC
와 서로 닮은 삼각형을 모두 찾으세요.

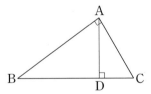

풀이 다음의 그림을 통해 주어진 문제의 그림에 직각삼각형이 세
개 있음을 확인할 수 있습니다.

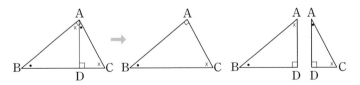

이 그림을 통해 세 직각삼각형은 모두 닮음(AA 닮음)임을 알 수 있습니다. 기호로 표현하면 △ABC∽△DBA, △ABC∽△DAC, △DBA∽△DAC입니다. 따라서 닮음비를 이용하면 직각삼각형에서 다음의 네 가지 관계가 성립함을 알 수 있습니다.

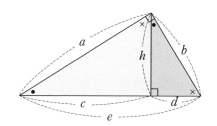

가) $a^2 = c \times e$
나) $b^2 = d \times e$
다) $h^2 = c \times d$
라) $a \times b = h \times e$

위의 네 가지 관계를 모두 외울 필요는 없습니다. 닮음인 삼각형을 그린 다음 유도를 하면 되거든요. 다만 세 번째 식인 $h^2 = c \times d$는 외워두는 것이 좋습니다. 높이의 제곱은 빗변에서 분리된 두 개의 선분의 곱과 같다는 사실을 기억해둡시다(다음 강의에서 또 나옵니다).

다음의 세 문제를 풀어보세요.

문제1 다음에서 x의 값을 구하세요.

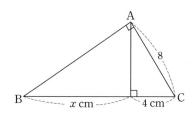

풀이 삼각형의 닮음비를 이용하면, $4 : 8 = 8 : (x+4)$이며, 비례식의 성질을 이용하면 $4(x+4)=64$입니다. 식을 정리해 x값을 구하면, 12입니다.

문제 2 다음에서 x의 값을 구하세요.

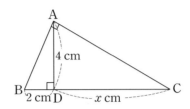

풀이 삼각형의 닮음비를 이용하면, $4^2=2 \times x$이므로 $x=8$입니다.

문제 3 다음 그림과 같이 $\angle A=90°$인 직각삼각형 ABC에서 $\overline{AH} \perp \overline{BC}$이고 $\overline{BH}=9\ cm$, $\overline{CH}=4\ cm$일 때, $\triangle ABC$의 넓이를 구하세요.

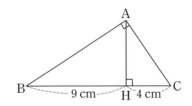

풀이 삼각형의 닮음비를 이용하면,
높이 $\overline{AH}^2=9 \times 4$이므로 $\overline{AH}=6$입니다.
그러므로 삼각형의 넓이는 $\dfrac{1}{2} \times 13 \times 6 = 39$입니다.

닮음 도형의 넓이와 부피

도형이 서로 겹치지 않으면서 빈틈없이 평면 또는 공간을 전부 채우는 것을 쪽매맞춤이라고 합니다. 다음의 작은 삼각형들은 △ABC와 합동인 삼각형들이며, △DEF와 △GHI를 완전히 채운 쪽매맞춤입니다.

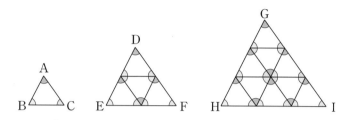

다음의 표를 완성해보세요.

도형	닮음비	넓이의 비
△ABC와 △DEF	1 : 2	1 : 4
△ABC와 △GHI	1 : 3	1 : 9
△DEF와 △GHI	2 : 3	4 : 9

위에서 두 삼각형 △DEF와 △GHI는 서로 닮음이며, 두 삼각형의 닮음비는 $\overline{DE} : \overline{GH} = 2 : 3$임을 알 수 있습니다. 또 △DEF에는 △ABC가 네 개 들어 있고, △GHI에는 △ABC가 아홉 개 들어 있으므로 두 삼각형의 넓이의 비는 △DEF : △GHI $= 4 : 9 = 2^2 : 3^2$임을 알 수 있습니다.

이제 닮음비가 $m : n$인 두 삼각형 ABC와 DEF의 넓이의 비를
알아보겠습니다.

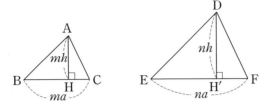

두 삼각형의 닮음비가 $m : n$이므로, △ABC의 밑변의 길이,
높이를 각각 ma, mh라고 하면, △DEF의 밑변의 길이, 높이는
각각 na, nh라고 할 수 있습니다.

따라서 $\triangle ABC : \triangle DEF = \dfrac{1}{2}ahm^2 : \dfrac{1}{2}ahn^2 = m^2 : n^2$입니다.
닮은 평면도형의 넓이의 비는 닮음비의 제곱과 같습니다. 즉 서로
닮은 두 삼각형의 닮음비가 $m : n$이면, 넓이의 비는 $m^2 : n^2$입니다.

예를 들어 다음 그림에서 $\triangle ABC \backsim \triangle DEF$이고, $\overline{AB} = 2$ cm,
$\overline{DE} = 3$ cm이라고 합시다. △ABC의 넓이가 4 cm^{2}일 때, △DEF
의 넓이를 구해볼까요? 닮음비가 2 : 3이므로 넓이의 비는 4 : 9입
니다. 따라서 △DEF의 넓이는 9 cm^{2}입니다.

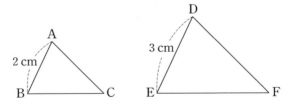

이제 닮음비가 $m : n$인 두 직육면체 (가)와 (나)의 부피의 비를 알아보겠습니다.

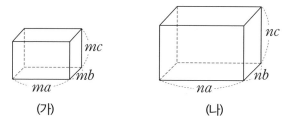

(가)   (나)

두 직육면체의 닮음비가 $m : n$이므로, 직육면체 (가)의 가로, 세로, 높이의 길이를 각각 ma, mb, mc라고 하면, 직육면체 (나)의 가로, 세로, 높이의 길이는 각각 na, nb, nc입니다. 따라서 (가)의 부피 : (나)의 부피$=m^3 abc : n^3 abc = m^3 : n^3$입니다. 즉 서로 닮은 두 직육면체의 닮음비가 $m : n$이면, 부피의 비는 $m^3 : n^3$입니다.

예를 들어보겠습니다. 다음 그림에서 서로 닮은 두 정육면체 A와 B의 닮음비는 $3 : 5$입니다. 정육면체 A의 부피가 $27 \ cm^3$이고 정육면체 B의 부피는 $125 \ cm^3$입니다. 부피의 비를 확인하면 $27 : 125 = 3^3 : 5^3$입니다.

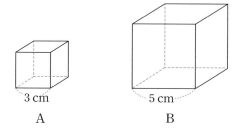

3 cm   5 cm
A   B

수학 문제 해결

문제 빗변의 길이가 같은 두 직각삼각형의 합동조건을 찾아보세요.

풀이 일반적인 삼각형의 경우 SSS, SAS, ASA 합동 조건이 있습니다. 하지만 빗변의 길이가 같은 직각삼각형인 경우에는 다음과 같은 조건에서 합동이 됩니다.

첫 번째는 빗변 이외의 다른 한 변의 길이가 각각 같은 경우입니다. 아래의 그림에서 변 AC와 DF를 붙여 이등변삼각형 ABE를 만들면 이등변 삼각형의 성질에 의해 각 B와 각 E가 같게 됩니다. 또한 삼각형의 세 각의 크기의 합은 $180°$로 일정하므로, 각 A와 각 D의 크기도 같습니다. 따라서 빗변의 길이와 다른 한 변의 길이가 같은 두 직각삼각형은 SAS합동이 됩니다.

> 빗변의 길이와 다른 한 변의 길이가 각각 같은 두 직각삼각형은 서로 합동임

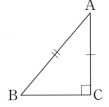 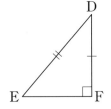

두 번째는 한 예각의 크기가 같은 경우입니다. 다음 그림에서 각 A와 각 D가 같으면, 각 B와 각 E도 같습니다. 따라서 빗변의 길이와 한 예각의 크기가 같은 두 직각삼각형은 ASA합동이 됩니다.

> 빗변의 길이와 한 예각의 크기가 각각 같은 두 직각삼각형은 서로 합동임

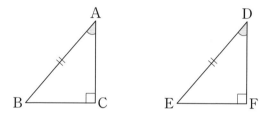

직각삼각형의 직각을 Right Angle이라고 하며, 빗변을 Hypotenuse라고 합니다. 이 단어의 첫 자를 이용해 직각삼각형의 두 합동 조건을 각각 RHS 합동, RHA 합동이라고 합니다.

* RHS 합동: 직각삼각형(R)의 빗변(H)의 길이와 다른 한 변 (S)의 길이가 같을 경우는 합동

* RHA 합동: 직각삼각형(R)의 빗변(H)의 길이와 한 예각(A) 의 크기가 같을 경우는 합동

수학 발견술	다양한 조건들이 단순하게 정리된다. 기호로 명확하게 알고 있자.

수학 감성

가까운 곳에 있는 놀라운 비밀

고대 그리스의 고전적인 작도 문제들은 눈금이 없는 자와 컴퍼스만으로 원하는 도형을 그려야 한다는 제한을 두고 있습니다. 그들은 왜 눈금이 있는 자나 각도를 잴 수 있는 도구로 정삼각형을 그리는 것을 허락하지 않았을까요? 측정하거나 그림 그리는 프로그램을 이용하면 쉽고 빠르게 도형을 그릴 수 있습니다.

하지만 측정을 통해 정확한 값을 얻을 수 있을까요? 여러분의 키가 정확하게 몇 cm인가요? 우리는 어떤 사물이 가지고 있는 고유의 길이나 각을 측정할 수 없습니다. 소수점 어떤 자리 이하의 수들을 무시해야 합니다. 아주 작지만 오차가 있기 마련입니다. 반면에 가장 기본적인 유클리드 도구를 사용하는 작도는 정확한 도형을 그렸다는 선언입니다. 종이에 그림을 그리지 않더라도 매우 정확하고 이상적인 도형이 이미 그려진 것입니다.

유클리드의 《원론》을 보면 우리가 사용하는 수가 등장하지 않습니다. 고대 그리스인은 도형을 논하면서 왜 수를 쓰지 않았을까요? 물론 수에 대한 그들의 인식에 한계가 있기는 합니다. 르네상스 이후에 현대적인 의미의 문자를 사용해 식을 쓰기 시작했기 때문입니다.

하지만 보다 근본적인 이유를 알고 싶습니다. 기본 도구만을 사용한 작도와 같은 맥락에서 보면, 어떤 값이나 수를 다루지 않고 도 여러 도형을 그리면서 도형의 특징이나 관계를 탐구하는 것이야말로 그들이 생각한 진정한 수학이 아니었을까요?

예를 들어 《원론》의 첫 번째 장에 피타고라스 정리가 나와 있습니다. 유클리드는 피타고라스의 정리를 조금 더 세련된 방법으로 서술했습니다. 유클리드에겐 다음의 한 문장이면 충분했습니다.

> "어떤 직각삼각형에서라도, 직각이 마주 보는 변을 한 변으로 갖는 정사각형의 크기는 직각을 끼고 있는 나머지 두 변을 각각 한 변으로 갖는 두 정사각형의 크기를 더한 것과 같다."

위의 문장은 이미 다음 그림에 대한 선언입니다. 정확히 측정해 그린 직각삼각형과 정사각형 이상의 놀라운 의미를 갖고 있는 단호한 명제입니다. 여러분도 충분히 상상이 가시지요?

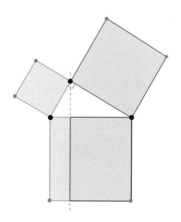

최근에 나온 최첨단 계산기는 완벽한 연산뿐만 아니라 놀라울 정도로 정확한 그림이나 그래프를 그려줍니다. 싱가포르를 비롯한 몇몇 나라의 학교에서는 수학 시간에 그래픽 계산기를 이용합니다. 심지어 시험을 볼 때도 그래픽 계산기를 쓸 수 있습니다. 우리나라도 최근 들어 공학 도구 사용을 많이 권장하고 있습니다.

수학 교육에서 계산기 사용은 명과 암이 있습니다. 시간을 절약해주고 편리한 점이 있지만, 여러 도형을 그리면서 경험할 수 있는 놀라운 발견의 기쁨을 빼앗아갑니다. 측정을 통한 보다 정확한 그림보다는 투박한 그림이라도 직접 그리면 훌륭한 두뇌 훈련을 할 수 있습니다. 눈금이 없는 자와 컴퍼스는 작도에 필요한 최소한의 도구들입니다. 더 필요하지도 않습니다.

놀라운 발견, 깨달음의 문을 열기 위해서 많은 것들이 필요하지 않습니다. 최첨단 전자기기가 없어도 됩니다. 지금 우리가 가지고 있는 최소한의 것들만으로도 충분합니다. 지금 당장 책을 덮고 비밀의 문을 열기 위해 이미 여러분이 가지고 있는 열쇠를 찾아보기 바랍니다.

작은 차이가 만든 결과들

다음의 그림에서 (나)는 (가)를 2배로 확대한 것으로 두 입체도형은 서로 닮은 도형입니다. 대응하는 모서리의 비가 1 : 2로 일정하므로 닮음비는 1 : 2입니다. (가)와 (나)를 각각 물통이라고 생각하고 물을 넣어봅시다. 가득 채운 물의 부피의 비는 1 : 8이 됩니다.

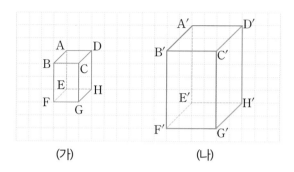

(가)　　　　　(나)

　각 모서리의 길이는 2배에 불과한데, 부피는 8배 차이입니다. 혹시 비누를 쓰다가 느끼지 않으셨는지요. 비누가 작아질수록 더 빨리 닳아 없어지지요. 화장실에 있는 두루마리 휴지도 마찬가지입니다. 분명 절반 정도밖에 쓰지 않은 것 같은데, 그 뒤로는 금방 다 쓰게 됩니다.

　넓이의 경우는 닮음비의 제곱에 비례하고, 부피는 세제곱에 비례합니다. 도형의 차원이 늘어남에 따라 지수의 차수가 하나씩 늘어납니다. 우리는 4차원이나 5차원의 도형을 종이에 그릴 수 없습니다. 하지만 상상은 가능합니다. 차원에 관한 이야기는《10일 수학 고등편》마지막 장에 아주 자세하게 나와 있습니다.

　우리 삶은 복잡다단하지요. 우리가 생활하면서 어떤 비슷한 두 개의 상황이 변수가 10개가 있는 10차원이라고 해봅시다. 그리고 이들의 각 요소가 모두 2배 차이라고 하지요. 닮음비가 1 : 2입니다. 과연 10차원 부피의 비는 얼마가 될까요? $1^{10} : 2^{10} = 1 : 2^{10}$이 될 겁니다. 2^{10}은 1024이므로, 대략 1000배 차이가 되는 겁니다.

닮음비는 작은 차이이지만, 변수가 많기 때문에 부피의 차이는 대단히 커졌습니다. 우리 삶은 복잡합니다. 여러 변수가 있어요. 그 변수들을 성장시키면 우리가 가지고 있는 그릇의 크기가 훌쩍 커집니다.

내공이라는 말을 들어봤나요? 저 사람과 나는 모든 면에서 조금밖에 차이가 나지 않는데, 모든 요소를 다 고려한 부피를 생각하면 내공이 훨씬 깊을 수밖에 없는 것이지요. 지혜가 많은 어른들이 계십니다. 아마 다양한 경험을 통해 변수를 많이 만드셨고, 또 그 변수가 오랜 시간에 걸쳐 성장했겠지요.

7일차

도형 ②

문제가 이미 해결되었다고 간주하라

분석은 찾고자 하는 것을 마치 이미 찾은 것으로 가정하고
이것이 무엇으로부터 비롯되었는지, 원인이 무엇인지를 계속해서 추적함으로써
이미 알고 있는 것에 도달하는 것이다.
— 파푸스

들어가기

고대 그리스 수학의 가장 큰 업적은 수학을 전개하는 기본 틀로 '증명'을 도입했다는 것입니다. 작도와 마찬가지로 증명을 단순한 테크닉으로 해석할 수 없습니다. 증명은 놀라운 발견을 잘 정리해둔 집과도 같습니다. 이 집에 들어가는 문을 열기 위해서는 분석적 아이디어가 필요합니다.

분석법이란 찾고자 하는 것을 마치 이미 찾은 것으로 가정하고 이것이 어디에서 비롯되었는지, 원인이 되는 것을 추적해 이미 알고 있는 사실에 도달하는 원리입니다. 파푸스Pappus(290~350)가 고대 그리스 수학자들이 사용했던 분석법을 집대성했으며, 근대의 수학자였던 데카르트가 체계적으로 정립했습니다. 분석법은 문제 해결은 물론 증명의 아이디어를 제공한다는 점에서 교육적인 가치가 큰 발견술입니다.

작도와 증명 교육이 현재 학교 수학에서 많이 축소되었지만, 이들은 단순히 도형을 그리거나 어떤 사실이 참임을 보이는 것 이상의 가치가 있습니다. 이미 그 자체로 놀라운 발견이자 논리적인 의사소통이기 때문입니다. 여러분을 이 놀라운 세계로 초대합니다.

수학 교과서로 배우는 최소한의 수학 지식

증명

유클리드의 《원론》은 먼저 명제가 나오고 그 명제가 논리적으로 옳다는 것을 '증명'하는 형식으로 구성되어 있습니다. 이 증명은 이미 약속한 공리와 공준을 이용해 가정으로부터 결론에 이르기까지 긴 연결고리를 통해 서술됩니다.

《원론》이 오랜 시간에 걸쳐 가장 많이 읽힌 수학책이었던 만큼 이 책의 저술 방식은 많은 수학책의 전범이 되어 왔습니다. 고대 그리스 수학자들이 강조했던 증명은 지금까지도 수학이라는 나무의 큰 줄기가 되고 있습니다.

증명을 어떻게 하는지 이등변삼각형을 예로 알아보겠습니다.

중학교 수학에서는 이등변삼각형을 두 변의 길이가 같은 삼각형으로 정의하고 있습니다.

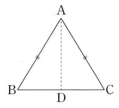

문제 이등변삼각형의 두 밑각이 같음을 증명하세요.

풀이 증명의 서술에서 가장 흔히 있는 오류는 결론을 이용하거나, 명제 전체를 재진술하는 것입니다. 이 점에 유의하여 서술하면 다음과 같습니다.

(가정) △ABC에서 $\overline{AB}=\overline{AC}$이다.

(결론) △ABC에서 ∠B＝∠C이다.

> △ABC에서 $\overline{AB}=\overline{AC}$이며(가정),
> ∠A의 이등분선이 $\overline{BC}$와 만나는 점을 D라고 하면,
> $\overline{AD}$는 공통, ∠BAD＝∠CAD이므로
> △ABD≡△ACD(SAS합동)이다.
> 그러므로 ∠B＝∠C이다(결론).

증명의 서술이 조금 딱딱하지요? 그리고 어렵습니다. 최근 학교 수학에서는 증명 교육을 완화했습니다. 다음 그림에서 그 내용을 살펴볼 수 있습니다.

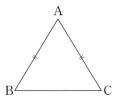

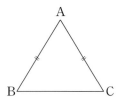

△ABC에서 $\overline{AB} = \overline{AC}$이면
∠B = ∠C임을 증명하여라.

△ABC에서 $\overline{AB} = \overline{AC}$이면
∠B = ∠C임을 설명하여라.

2009 개정 교육과정부터 '증명'이라는 용어가 삭제되었습니다. 현재 중학교 교과서에는 '증명'이라는 용어를 찾을 수 없습니다. '증명하라'는 용어는 '이유를 설명하라'라는 식으로 바뀌었습니다.

2009 수학교육과정 개정은 제가 연구원으로 참여하기도 한 프로젝트였습니다. 증명이라는 용어를 삭제하는 것에 다양한 이견이 있어서 여러 차례 회의를 했던 기억이 납니다. 당시까지만 해도 교과서의 진술 방식은 '증명의 기록'이었지, '증명 활동의 탐구'가 아니었습니다.

현장의 교사들도 대부분 증명을 형식적이고 연역적으로 가르치고 있었습니다. 결과적으로 학생들은 새로운 명제에 대한 증명 방법을 전혀 탐색하지 못하고 단지 교과서에 제시된 내용을 외우고 있었지요. 증명 교육에 대해 전반적으로 손을 댈 수밖에 없었습니다.

고대 그리스의 분석법(명제의 증명을 위한 분석법)

분석법은 수학적 발견술 가운데 가장 강력한 방법으로, 풀이 계획을 발견하는 과정입니다. 이 분석법은 아주 오래전부터 사용되어왔는데 그 기원이 고대 그리스의 피타고라스나 플라톤까지 거슬러 올라갑니다. 고대 그리스 시대가 저물어갈 무렵에 활동한 파푸스는 분석법을 체계적으로 정리했습니다. 분석법은 구하거나 증명하고자 하는 것을 이미 구하거나 증명된 것처럼 가정하고, 결론이 성립하기 위한 전제조건을 거꾸로 찾는 과정입니다.

우리는 주어진 '**가정**'에서 시작해 '**결론**'에 도달할 때까지의 수학적 사실들을 하나씩 서술해야 합니다. 그런데 역설적이게도, 증명을 서술하기 위해서는 먼저 '**결론**'부터 시작해 '**가정**'에 이르는 분석적 사고 과정을 거쳐야 합니다.

연역적 증명

가정 $\quad P_n \rightarrow \cdots \rightarrow P_3 \rightarrow P_2 \rightarrow P_1 \rightarrow C \quad$ **결론**

분석

진정한 수학적 사고 과정으로서의 증명을 지도하기 위해서는 연역적 증명에 앞서 분석적 사고 과정을 가르쳐야 합니다. 개정 교육과정에서도 수학적 사실을 발견하는 분석을 먼저 가르쳐야 한다고 명시했습니다.

앞에서 다룬 명제 "△ABC에서 $\overline{AB} = \overline{AC}$이면, ∠B = ∠C이다"를 연역적으로 증명하기 위한 분석의 과정을 살펴보겠습니다.

분석의 과정은 연역적 증명을 거꾸로 생각하면 됩니다. 결론을 참이라고 간주한 후 문제에서 제시된 가정까지 역추적하면 됩니다.

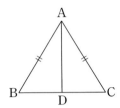

분석	∠B=∠C이다(결론)를 보이기 위해서는 △ABD≡△ACD를 보이면 된다. 합동인 삼각형을 찾기 위해(SAS합동 조건을 찾기 위해) ∠A의 이등분선을 그으면, ∠BAD=∠CAD이고, $\overline{BC}$와 만나는 점을 D라고 하면, $\overline{AD}$는 공통이다. 이제 $\overline{AB}=\overline{AC}$이라는 가정을 적용하면 된다.
연역적 증명	△ABC에서 $\overline{AB}=\overline{AC}$이며(가정), ∠A의 이등분선이 $\overline{BC}$와 만나는 점을 D라고 하면, $\overline{AD}$는 공통, ∠BAD=∠CAD이므로 △ABD≡△ACD(SAS합동)이다. 그러므로 ∠B=∠C이다(결론).

　문제를 해결하기 위한 발견술 중에는 "이미 그림이 그려졌다고 생각한다" 내지는 "문제가 풀렸다고 생각한다" 그리고 "거꾸로 풀기"의 전략이 있습니다. 이들 발견술은 표현만 다를 뿐 기본 아이디어는 같습니다. 문제가 다 풀린 결과를 가정하고, 이 결과가 되기 위해 필요한 조건들을 역추적해 나가는 것입니다.

데카르트의 분석법(방정식 풀이에서의 분석법)

데카르트는 그의 책《방법서설Discours de la méthode》에서 모든 문제를 보편적으로 해결할 수 있는 방법을 찾으려고 했습니다. 문제가 풀렸다고 가정하고 조건에 따라 미지인 것과 자료 사이에 성립해야 할 모든 관계를 적절한 방정식으로 환원한 것이지요. 이제 방정식 풀이에서의 분석적 사고가 어떻게 이루어지는지 예를 들어 살펴보겠습니다.

문제 다음의 내용에서 수학책의 몇 쪽을 펼쳐야 읽을거리를 볼 수 있을까요?

"수학책을 펼쳤을 때, 두 면의 쪽수의 곱이 156인 곳의 앞부분에 읽을거리가 있어."

풀이 가) 분석의 과정

펼친 두 면의 쪽수(자연수)를 이미 구했다고 가정하고 한 쪽을 x, 다른 쪽을 $x+1$이라고 하겠습니다. 이제 x를 구하면 됩니다. 방정식을 세우면 $x(x+1)=156$입니다. 이 식을 정리하면, $x^2+x-156=0$이며, 인수분해를 이용하여 이차방정식을 풀면,

$(x-12)(x+13)=0$

따라서 $x=12$ 또는 $x=-13$인데,

x는 자연수이므로 $x=12$

답은 12쪽입니다.

나) 연역의 과정

$x=12$이면, $12 \times 13 = 156$이므로, 답은 12쪽입니다.

우리는 분석의 방법으로 방정식을 풉니다. 어떤 수를 x로 두었다는 것 자체가 전형적인 거꾸로 풀기, 문제가 이미 풀렸다고 가정하는 분석적 아이디어의 출발점입니다.

수학 문제 해결

문제 다음과 같이 삼각형의 한 내각(여기서는 ∠A)의 이등분선을 그었을 때, $a : b = c : d$임을 보이세요.

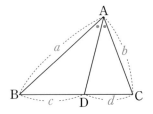

풀이 다음의 그림과 같이 삼각형 ABC에서 내각의 이등분선 AD 와 평행한 직선을 긋고(보조선 1), 그 직선이 선분 AB의 연장선(보조선 2)과 만나는 점을 E라고 하겠습니다. 보조선을

166

초록색 선으로 표시했습니다.

∠DAC=∠ACE(엇각)

∠BAD=∠AEC(동위각)

따라서 ∠ACE=∠AEC이므로

삼각형 ACE는 이등변삼각형이고 $\overline{AC}=\overline{AE}=b$입니다.

△ABD와 △EBC는 모든 각이 같은 삼각형으로 AA닮음이고, $\overline{AB}:\overline{AE}=\overline{BD}:\overline{CD}$입니다. 그런데, $\overline{AE}=\overline{AC}$이므로, $\overline{AB}:\overline{AC}=\overline{BD}:\overline{CD}$, $a:b=c:d$입니다.

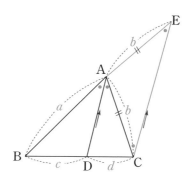

수학 발견술 1 　　　 문제에 제시되어 있지 않은 보조선을 그어라.

문제 서로 다른 두 점 A, B를 잇는 반직선 $\overrightarrow{OA}$와 $\overrightarrow{OB}$에서 같은 거리에 있는 직선을 그리세요.

풀이 '풀린 것으로 간주하기' 전략에 따라 문제를 풀어보겠습니다. 즉 원하는 직선이 그어졌다고 가정하고 이 직선을 그리는 데 필요한 정보를 얻겠습니다.

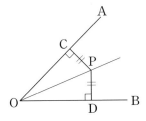

그림이 그려졌습니다. 문제가 이미 풀렸다고 가정한 후, 필요한 조건을 찾아내는 역추적 과정으로 다음과 같이 분석해 문제를 해결할 수 있습니다.

$\overline{PC}=\overline{PD}$, $\angle OCP = \angle ODP = 90°$를 만족시키는 직선을 이미 그렸다고 가정하면, $\overline{OP}$가 공통이므로 $\triangle COP \equiv \triangle DOP$(RHS합동)입니다.

따라서 $\angle COP = \angle DOP$(대응각)이므로 $\angle O$를 이등분하는 선을 그리면 됩니다.

다음의 순서대로 각의 이등분선을 작도할 수 있습니다.

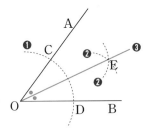

가) O를 중심으로 하는 원을 그려서 반직선 OA, OB와 만나는 점을 각각 C, D라 한다.

나) C, D를 각각 중심으로 반지름의 길이가 같은 원을 그려서 만나는 점을 E라고 한다.

다) 반직선 OE를 긋는다.

작도의 아이디어는 SSS합동조건을 이용하는 것입니다. 삼각형 OCE와 삼각형 ODE는 대응하는 변의 길이가 모두 같기 때문입니다.

수학 발견술 2   문제가 이미 풀렸다고 간주하라.

수학 감성

저는 대학과 대학원에서 수학을 잘 가르치고 배우는 방법을 주로 연구했지만, 순수수학에도 관심이 많습니다. 대학원에 다닐 때는 순수수학 학회에도 몇 번 참여해 최신 수학이 어떻게 논의되고 있는지 어깨너머로 들여다보곤 했지요.

보통 수학자들은 연역인 증명의 방식에 익숙합니다. 그들은 엄밀하고 형식적인 틀로 의사소통합니다. 수많은 밤을 세워가며 치열하게 고민한 흔적이나 발견의 논리는 유려한 증명 뒤에 숨깁니다. 영업비밀을 어느 수학자도 속 시원하게 밝혀주지 않습니다. 고대 그리스 이래 대부분의 수학자들이 그랬습니다.

다수의 교사들도 마찬가지입니다. 영업비밀을 숨기면, 조금 더 멋있는 수학 선생님이 될 수 있습니다. 발견의 원리를 말하지 않고 참고 있으면, 선생님 그것을 어떻게 생각하셨어요? 천재인가요? 하는 소리를 들을 수 있습니다. 이번 시간에 살펴봤듯이 발견의 논리는 대부분 분석적 아이디어입니다. 분석적 아이디어는 연역적 증명보다 조금 장황하지요. 이 때문에 교과서에서도 많이 생략되어 있습니다.

사람과 책 할 것 없이 수학과 관련된 대부분의 논리는 공리, 공준으로부터 함의된 정리를 엄밀하게 연역해가는 유클리드의 전개 방식을 더 선호합니다. 언어의 뒤 편에, 수학책의 행간에 숨어 있는 분석의 논리를 찾는 일은 오로지 개인의 몫입니다. 모든 문제가 이미 해결되었다고 간주하고 역추적을 해야 합니다.

우리 삶은 어떨까요? 이미 일어난 일을 결과로부터 거꾸로 추적해보시기 바랍니다. 왜 그 일이 일어났는지 이해가 더 잘될 겁니다. 앞으로 일어날 일도 마찬가지입니다. 내가 목표하고 있는 일이 있다면, 거꾸로 생각하기 바랍니다. 이미 내가 그 목표를 이뤘다고 말이죠. 문제가 이미 해결되었다고 생각하는 것이죠. 그럼 내가 지금 이 자리에서 무엇을 해야 하는지 알 수 있습니다. 다음의 그림을 보겠습니다.

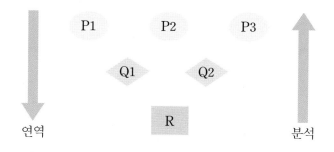

연역

분석

    최종 목적지 R까지 도달하기 위한 몇 가지의 루트를 적어봤습니다. 일상은 이것보다 훨씬 복잡합니다. 우리가 원하는 것을 얻기 위해 지금 무엇을 해야 할까요? 지금 내 앞에 있는 선택지들이 너무 많기 때문에 거꾸로 생각하지 않으면 절대 모릅니다.

    분석의 과정을 통해 P1, P2, P3, … 중에서 정확하게 어떤 일을 해야 할지 알 수 있습니다. 연역은 모든 일이 다 이루어지고 나서 '나 이런 사람이다'라고 자랑할 때 쓰면 좋습니다. 철저한 분석에서 아이디어를 얻은 P1을 운으로 둔갑시킬 수 있습니다. 앞으로 연역과 분석을 잘 활용하시기 바랍니다.

포물선과 이차함수

표준형으로 바꿔라

우리의 시간은 한정되어 있다. 그러니 남의 인생을 사는 것으로 삶을 허비하지 말아라.
깊은 곳에서 들려오는 자신의 목소리에 귀 기울여라. 무엇보다 가장 중요한 건,
마음과 직관을 따를 수 있는 용기를 갖는 것이다.
— 스티브 잡스

들어가기

고대 그리스의 철학자이자 수학자였던 아리스토텔레스Aristoteles(기원전384~기원전322)는 낙하운동의 경우 무거운 물체가 가벼운 물체보다 더 빨리 떨어지고 낙하 속력은 물체의 무게에 비례한다고 생각했습니다. 우리 눈에도 물체의 움직임은 그가 설명한 것과 비슷해 보이는데요. 이 생각은 1589년 갈릴레이가 반박하기 전까지 옳은 것처럼 여겨졌습니다.

갈릴레오 갈릴레이Galileo Galilei(1564~1642)는 자유낙하하는 모든 물체는 공기의 저항이 없는 이상적인 경우 같은 가속도로 낙하할 것이라 가정했습니다. 그는 또한 정지 상태로부터 낙하한 물체의 진행 거리는 시간의 제곱에 비례할 것이라고 예언하였으며 처음으로 수학적 관계식을 유도했습니다.

자유낙하하는 물체나 하늘 위로 던진 물체는 중력의 영향을 받으며, 그 높이의 변화를 함수로 표현하면 이차함수가 됩니다. 어떤 물체를 던졌을 때 그리는 곡선을 포물선이라고 하는데, 이차함수의 그래프가 포물선 모양이지요. 축에 대해 대칭인 포물선 여행을 떠나 보겠습니다.

수학 교과서로 배우는 최소한의 수학 지식

포물선

포물선이라는 용어는 물체를 던질 때, 그 물체가 그리는 곡선이라는 뜻입니다. 이차함수의 그래프가 포물선입니다.

이차함수

$y = (x$에 대한 이차식$)$으로 표현되는 함수가 이차함수입니다. 일반적인 형태는 $y = ax^2 + bx + c$(단, $a \neq 0$)입니다.

이번 강의의 궁극적인 목적은 이차함수의 일반형의 그래프를 그리는 것입니다. 이를 위해 $y = ax^2$, $y = ax^2 + q$, $y = a(x-p)^2$,

$y=a(x-p)^2+q$의 차례로 이차함수의 그래프를 그리는 방법을 살펴보겠습니다.

$y=ax^2$의 그래프

$a=1$일 때, $y=x^2$의 그래프를 그려보겠습니다.

x의 값이 -3, -2, -1, 0, 1, 2, 3일 때, 그래프는 아래의 맨 왼쪽에 있는 점이 일곱 개가 있는 그래프입니다. x값 사이의 간격을 점점 작게 하여 그 범위를 실수 전체로 확장하면, 이차함수 $y=x^2$의 그래프는 맨 오른쪽 그림과 같이 매끄러운 곡선이 됩니다. 이 곡선이 x의 값이 실수 전체일 때 이차함수 $y=x^2$의 그래프입니다.

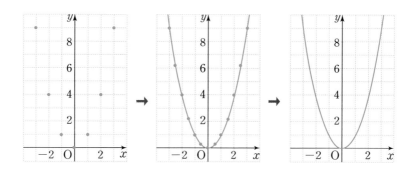

문제 이차함수 $y=x^2$의 그래프가 x축의 아래쪽에 그려지지 않는 이유가 무엇일까요?

풀이 실수 x의 제곱은 항상 0이거나 양수이기 때문에 y값은 음수가 될 수 없습니다. 따라서 x축의 아래쪽에 그려지지 않습니다.

이제 이차함수 $y=ax^2$의 그래프의 성질을 알아보겠습니다.

이차함수 $y=ax^2$에서 a값이 -2, -1, $-\dfrac{1}{2}$, $\dfrac{1}{2}$, 1, 2일 때 그래프는 아래와 같습니다. a의 값이 양수이면, 아래로 볼록한 포물선이고, a의 값이 음수이면, 위로 볼록한 포물선입니다.

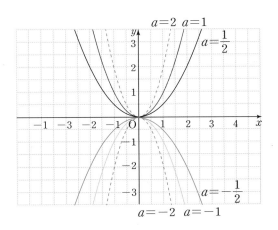

이차함수의 그래프는 포물선입니다. 포물선은 선대칭도형이며 그 대칭축을 포물선의 축이라고 합니다. 또한 포물선과 축의 교점을 포물선의 꼭짓점이라고 합니다.

이차함수 $y=ax^2$의 그래프는 y축을 축으로 하고, 원점을 꼭짓점으로 하는 포물선입니다.

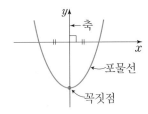

일반적으로 이차함수 $y=ax^2$의 그래프는 다음과 같은 성질을 갖습니다.

가) y축을 축으로 하고, 원점을 꼭짓점으로 하는 포물선이다.

나) $a>0$일 때 아래로 볼록하고, $a<0$일 때 위로 볼록하다.

다) a의 절댓값이 클수록 그래프의 폭이 좁아진다.

라) 이차함수 $y=-ax^2$의 그래프와 x축에 대하여 서로 대칭이다.

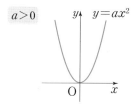 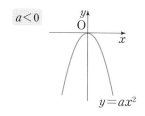

문제 이차함수 $y=2x^2$의 꼭짓점과 축을 구하세요.

풀이 꼭짓점은 원점이고, 축은 y축입니다.

문제 이차함수 $y=ax^2$에서 a값의 절댓값이 같고 부호가 다를 경우 두 그래프는 어떤 성질이 있나요?

풀이 x축 대칭입니다.

$y=ax^2+q$의 그래프

이차함수 $y=\dfrac{1}{2}x^2+3$의 그래프는 이차함수 $y=\dfrac{1}{2}x^2$의 그래프를 y축의 방향으로 3만큼 평행이동한 것이므로 다음의 그래프와 같습니다.

이때 이차함수 $y=\dfrac{1}{2}x^2+3$의 그래프는 y축을 축으로 하고, 점 $(0, 3)$을 꼭짓점으로 하는 아래로 볼록한 포물선입니다.

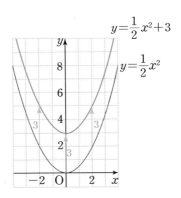

일반적으로 이차함수 $y=ax^2+q$의 그래프는 다음과 같은 성질을 갖습니다.

가) 이차함수 $y=ax^2$의 그래프를 y축의 방향으로 q만큼 평행이동한 것이다.

나) y축을 축으로 하고, 점 $(0, q)$를 꼭짓점으로 하는 포물선이다.

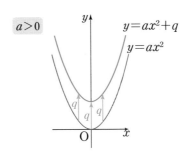

$y=a(x-p)^2$의 그래프

이차함수 $y=(x-2)^2$의 그래프를 그리기 위해 다음과 같은 표를 생각해보겠습니다.

다음의 표에서 x의 값이 -3, -2, -1, 0, 1일 때, 이차함수 $y=x^2$의 함숫값은 x의 값이 -1, 0, 1, 2, 3일 때, 이차함수 $y=(x-2)^2$의 함숫값과 각각 같다는 것을 알 수 있습니다.

x	$\cdots$	-3	-2	-1	0	1	2	3	$\cdots$
$y=x^2$		9	4	1	0	1	4	9	
$y=(x-2)^2$	$\cdots$	25	16	9	4	1	0	1	$\cdots$

따라서 이차함수 $y=(x-2)^2$의 그래프는 이차함수 $y=x^2$의 그래프를 x축의 방향으로 2만큼 평행이동하여 그릴 수 있습니다.

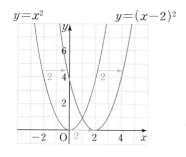

이때 이차함수 $y=(x-2)^2$는 $x=2$를 축으로 하고, 점 $(2, 0)$을 꼭짓점으로 하는 아래로 볼록한 포물선입니다.

일반적으로 이차함수 $y=a(x-p)^2$의 그래프는 다음과 같은 성질을 갖습니다.

가) 이차함수 $y=ax^2$의 그래프를 x축의 방향으로 p만큼 평행이
   동한 것이다.

나) 직선 $x=p$를 축으로 하고, 점 $(p, 0)$을 꼭짓점으로 하는 포
   물선이다.

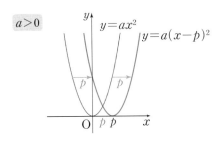

$y=a(x-p)^2+q$의 그래프

이차함수 $y=2(x-1)^2$의 그래프는 $y=2x^2$의 그래프를 x축의 방향
으로 1만큼 평행이동한 것이고, 이차함수 $y=2(x-1)^2+3$의 그래
프는 이차함수 $y=2(x-1)^2$의 그래프를 y축의 방향으로 3만큼 평
행이동한 것입니다.

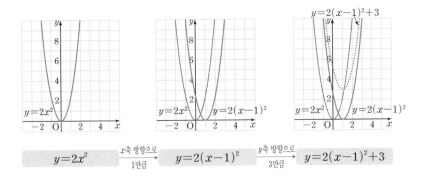

따라서 이차함수 $y=2(x-1)^2+3$의 그래프는 이차함수 $y=2x^2$의 그래프를 x축의 방향으로 1만큼, y축의 방향으로 3만큼 평행이동하여 그릴 수 있습니다.

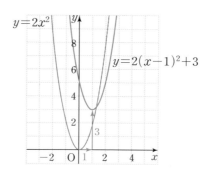

이때 이차함수 $y=2(x-1)^2+3$의 그래프는 직선 $x=1$을 축으로 하고, 점 $(1, 3)$을 꼭짓점으로 하는 아래로 볼록한 포물선입니다.

일반적으로 이차함수 $y=a(x-p)^2+q$의 그래프는 다음과 같은 성질을 갖습니다.

가) 이차함수 $y=ax^2$의 그래프를 x축의 방향으로 p만큼, y축의 방향으로 q만큼 평행이동한 것이다.

나) 직선 $x=p$를 축으로 하고, 점 (p, q)를 꼭짓점으로 하는 포물선이다.

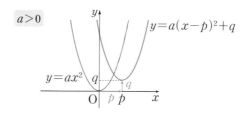

다음 보기의 이차함수 식에 맞는 그래프를 찾아보세요.

─────────── 보기 ───────────

$\bigcirc\ y=-x^2$　　　　　$\bigcirc\ y=\dfrac{1}{2}(x-2)^2$

$\bigcirc\ y=-2(x+2)^2+3$　　$\textcircled{2}\ y=\dfrac{1}{2}(x-2)^2-2$

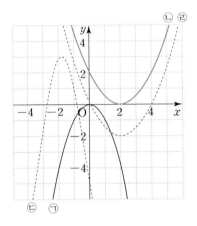

이차함수 $y=ax^2+bx+c$의 그래프

이차함수 $y=ax^2+bx+c$의 형태를 이차함수의 일반형이라고 합니다. 이차함수가 일반형으로 제시되었을 경우 이차함수를 $y=a(x-p)^2+q$ 형태로 바꿔주면 식으로부터 축과 꼭짓점을 알 수 있으며, 그래프도 더 쉽게 그릴 수 있습니다. $y=a(x-p)^2+q$ 형태를 이차함수의 표준형이라고 합니다.

문제 이차함수 $y=x^2-4x+9$의 축과 꼭짓점을 구하고, 그래프를 그려보세요.

풀이 일반형으로 제시된 이차함수 $y=x^2-4x+9$를 표준형의 꼴로 다음과 같이 변형할 수 있습니다.

$$y=x^2-4x+9$$
$$=(x^2-4x+4-4)+9$$
$$=(x-2)^2+5$$

따라서 이차함수 $y=x^2-4x+9$의 그래프는 $x=2$를 축으로 하고, 점 $(2, 5)$를 꼭짓점으로 하는 아래로 볼록한 포물선입니다. 또한 이차함수 $y=x^2-4x+9$에서 $x=0$일 때, $y=9$이므로 y축과의 교점의 좌표는 $(0, 9)$입니다.

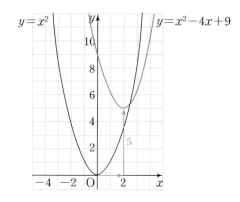

이처럼 이차함수 $y=ax^2+bx+c$의 그래프는 이차함수의 식을 $y=a(x-p)^2+q$의 꼴로 변형하면 그리기 편합니다.

일반적으로 이차함수 $y=ax^2+bx+c$의 그래프는 다음과 같은 성질을 갖습니다.

가) 이차함수의 식을 $y=a(x-p)^2+q$의 꼴로 변형하여 그릴 수
있다.

나) y축과의 교점의 좌표는 $(0, c)$이다.

다) $a>0$이면 아래로 볼록하고, $a<0$이면 위로 볼록하다.

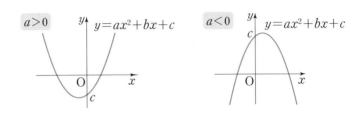

수학 교과서에서 한 걸음 더 나아가기

갈릴레이의 자유낙하 법칙

물체를 높은 곳에서 가만히 놓아 떨어뜨리면 자유낙하를 합니다.
갈릴레이는 공기의 저항이나 마찰력 등이 없는 진공에서 자유낙하
하는 모든 물체는 질량, 모양, 종류 등에 관계 없이 일정한 가속도로
낙하할 것이라고 가정했습니다.

보통 무거운 물체가 가벼운 물체보다 빨리 떨어질 것이라고 생
각합니다. 물체의 모양이 다르면 공기 저항이 달라지고 공기 저항의

크고 작음에 따라 물체가 낙하하는 속도가 변하기 때문입니다. 그런데 만약 공기의 저항이 없는 진공 중에서 물체를 자유낙하시킨다면 물체의 무게, 모양과 관계없이 같은 속도로 자유낙하합니다.

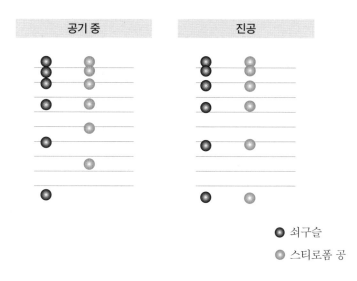

● 쇠구슬
● 스티로폼 공

갈릴레이는 정지 상태로부터 낙하한 물체의 낙하 거리는 시간의 제곱에 비례할 것이라는 가설을 세우고, 시간과 거리의 관계식을 유도했습니다.

가속도

가속도는 1초당 속도가 얼마나 변하는지를 나타내는 물리량입니다. 물리적으로 가속도는 힘을 의미하며, 수식으로 나타내면 가속도 a는 다음과 같습니다.

$$a = \frac{v - v_0}{t - t_0} \qquad \cdots\cdots(*)$$

(v : 나중 속도, v_0 : 처음 속도, t : 나중 시간, t_0 : 처음 시간)

가속도의 단위는 $\dfrac{\dfrac{m}{s}}{s} = \dfrac{m}{s^2}$ 입니다.

위의 식 ($*$)에서 $v_0 = t_0 = 0$이면, $a = \dfrac{v}{t}$가 되고, $v = at$입니다.
따라서 물체의 가속도가 $1\ m/s^2$일 경우 이 물체는 움직이기 시작한
1초 뒤의 속도가 $1\ m/s$, 2초 뒤의 속도는 $2\ m/s$이 됩니다.

지구상에서 모든 물체는 중력의 힘을 받게 됩니다. 중력에 의한
가속도를 중력가속도 g라고 하는데, $g = 9.8\ m/s^2$입니다. 즉 지구의
중력이 미치는 진공 중에서 자유낙하한다면, 1초 후 속도는 $9.8\ m/ s$, 2초 후에는 $19.6\ m/s$의 속도가 됩니다.

다음 그림은 진공 상태에서 낙하하는 공의 위치를 1초 간격으로
측정해 나타낸 것입니다.

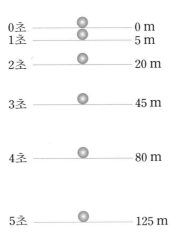

처음 x초 동안 공이 낙하한 거리를 $y(\mathrm{m})$라고 하면, 아래의 표를 완성할 수 있습니다(y값을 대략적인 값으로 썼습니다).

x(초)	0	1	2	3	4	5
$y(\mathrm{m})$	0	5	20	45	80	125

이 표를 이용해 x와 y의 관계를 식으로 나타내면, $y=5x^2$이므로 이차함수가 됩니다. 보다 정확한 수식으로 나타내면, x초 후 낙하 거리 y는 $y=\dfrac{1}{2}gx^2$입니다. 여기서 $g=9.8\ \mathrm{m/s^2}$이므로 정확한 이차함수의 식은 $y=4.9x^2$이 될 것입니다. 여기서는 공중에서 놓은 물체가 땅으로 떨어진 거리가 y이므로 x^2의 계수가 양수가 되지만, 지표면에서 높이를 측정하게 되면, 높이의 값이 줄어들게 되므로 계수는 음수로 표현됩니다. 만일 물체를 공중에서 놓는 자유낙하가 아니라 힘을 가해 던지면 이차함수에 일차식이나 상수항이 생기게 된다는 것도 알아두세요.

수학 문제 해결

문제 이차함수 $y=2x^2+ax+b$의 그래프의 꼭짓점 좌표가

$(2,\ -1)$일 때, a, b의 값과 이 그래프가 y축과 만나는 점의

좌표를 구하세요(단 a, b는 상수).

풀이 이차함수 $y=2x^2+ax+b$의 그래프의 꼭짓점의 좌표가 $(2, -1)$이므로, 식을 다음과 같이 표준형으로 바꿀 수 있습니다.

$$y=2x^2+ax+b=2(x-2)^2-1$$

이제 표준형의 식을 전개하면, 다음과 같이 a, b값을 구할 수 있습니다.

$$y=2(x-2)^2-1=2x^2-8x+7$$

$$\therefore a=-8, b=7$$

또한 y축과 만나는 점의 좌표를 구하기 위해,

$x=0$을 식에 대입하면 $y=7$

그러므로, y축과 만나는 점의 좌표는 $(0, 7)$입니다.

수학 발견술 1   표준형과 일반형을 넘나들어라.

문제 초속 $40\,\mathrm{m/s}$로 쏘아 올린 물체의 x초 후의 높이를 $y(\mathrm{m})$라고 하면, $y=-5x^2+ax+b$인 관계가 성립한다고 합니다. 이 물체는 4초 후에 최대 높이 $80\,\mathrm{m}$에 도달한다고 할 때, 다음을 구하세요.

가) a, b값을 구하세요.

나) $60\,\mathrm{m}$에 도달할 때까지 걸린 시간을 구하세요.

다) 이 물체가 땅에 떨어질 때까지 걸린 시간을 구하세요.

풀이 가) 4초 후에 최대 높이 80 m가 되므로, 꼭짓점의 좌표는

(4, 80)입니다. 따라서

$y=-5x^2+ax+b=-5(x-4)^2+80$이며,

식을 정리하면 다음과 같습니다.

$$y=-5x^2+ax+b=-5x^2+40x$$

따라서 $a=40$, $b=0$입니다.

나) 60 m에 도달할 때까지 걸린 시간을 측정하기 위해

$y=60$을 대입하면, $-5x^2+40x=60$입니다.

식을 정리 하면, $x^2-8x+12=0$입니다.

이제 인수분해를 이용해 방정식을 풀면,

$x^2-8x+12=(x-2)(x-6)=0$,

$x=2$ 또는 $x=6$입니다.

즉 2초와 6초가 지난 후 60 m에 도달합니다. 꼭짓점까지
올라가면서 60 m에 도달하고, 또 내려오면서 다시 60 m에
도달하는 것이지요. 포물선이 축($x=4$)을 중심으로 대칭
이기 때문에 $x=4$에서 거리가 같은 두 지점의 높이는 같
습니다.

다) 꼭짓점까지 도달하는 시간이 4초이므로, 땅에 떨어지는
데 걸리는 시간은 8초입니다. 실제로 $x=8$을 대입하면,
높이 y값은 0이 됩니다.

수학 발견술 2   그래프의 좌우 대칭성을 활용하라.

수학 감성

그래프 그리기 위한 핵심 요소들

다음과 같은 이차함수 $y=ax^2+bx+c$의 그래프가 있을 때, 꼭짓점과 다른 한 점만 주어진다면 a, b, c의 값을 각각 구하는 일은 비교적 쉽습니다. 포물선을 구성하는 핵심 정보들을 이용해 좌표평면에 그래프의 개형을 그려 식을 추론할 수 있기 때문입니다.

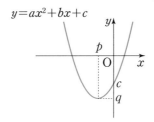

일차함수의 그래프는 직선이었습니다. 좌표평면에 단 하나의 유일한 직선을 그리기 위해선 기울기와 한 점이 필요했습니다. 이차함수의 그래프는 포물선이지요. 포물선의 경우는 꼭짓점의 좌표와 또다른 한 점의 좌표를 알면 됩니다.

물론 일반형이나 표준형으로 이차함수 식이 주어지면 좋겠지만 핵심적인 정보들만으로도 그래프를 충분히 그릴 수 있으며, 식을 구할 수도 있습니다.

우리 삶의 문제에서도 전체 그림을 다 확인하기 어려운 경우가 많습니다. 하지만 문제를 관통하는 몇 개의 핵심 요소를 통해 비교적 정확한 큰 그림을 그려볼 수 있다는 사실을 기억하기 바랍니다.

인간을 지배하는 주위 환경

우리는 늘 중력의 영향을 받고 있습니다. 우리가 땅을 밟고 바른 걸음을 걷는 것도 지구의 중력 때문입니다. 이번 강의에서 지구의 중력이 작용하기 때문에 높은 곳에서 자유낙하하는 시간에 따라 물체는 $h = \dfrac{1}{2} g t^2 = 4.9 t^2 (\mathrm{m})$ 만큼씩 땅으로 떨어진다고 배웠습니다. 높이는 시간에 대한 2차식으로 표현됩니다.

야구공을 멀리 던지면 포물선을 그리게 됩니다. 자유낙하와 마찬가지로, 높이는 시간에 대한 2차식으로 표현됩니다. 수많은 곡선이 있는데, 그중 포물선이라는 사실이 신기합니다.

아래에 원뿔곡선이 나와 있습니다. 원뿔의 꼭짓점을 위아래로 연결한 두 개의 원뿔을 평면으로 자르면, 원, 타원, 포물선, 쌍곡선의 형태가 나타납니다.

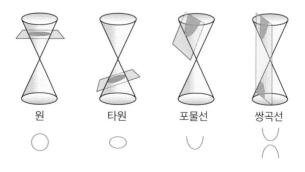

원   타원   포물선   쌍곡선

이 곡선들의 형태는 원뿔을 자르는 평면의 축에 대한 기울기에 의해 결정됩니다. 원뿔곡선은 기원전 고대 그리스의 수학자 아폴로니오스가 주로 연구했습니다. 우리는 여기서 멀리 던진 물체가 그리는 곡선이 원, 타원, 쌍곡선이 아닌, 포물선의 일부가 된다는 사실을 기억해야 합니다. 우리를 둘러싸고 있는 중력 때문이지요.

환경이 운동 곡선을 지배하는 것처럼, 우리가 속한 사회 시스템이 우리의 삶을 구속하기도 합니다. 여러분을 둘러싸고 있는 힘은 무엇인가요? 무엇이 여러분의 삶을 지배하고 있나요?

근대 학문의 출발을 알렸던 프랑스의 수학자이자 철학자 르네 데카르트는 "나는 생각한다. 고로 존재한다"라는 유명한 말을 남겼습니다. 인간만이 가지고 있는 고유한 이성을 통해 존재를 확인하고 삶을 개척할 수 있다는 적극적인 메시지입니다.

우리가 모르는 사이 작용하고 있는 중력과 마찬가지로 내 삶에 조금씩 침투해 이제 자연스럽게 된 무거운 수레바퀴가 있을 것입니다. 학교에서 직장에서 우리가 속한 또 다른 집단에서 우리에게 조금씩 가하고 있는 중력들입니다. 다만 우리는 사고의 틀을 중력에 가두지 말고 내가 할 수 있는 일을 열심히 하면 됩니다. 여러분은 나만의 영역을 조금씩 확장하기 위해 어떤 노력을 하고 있나요?

9일차

확률과 통계

가능성을 추측하고 체계적으로 정리하라

통계로 거짓말하기는 쉽다.
하지만, 통계 없이 진실을 말하기는 어렵다.
— 안드레아스 둔켈스

들어가기

이번 강의에서 배울 확률과 통계는 방정식이나 함수, 도형과 느낌이 조금 다릅니다. 일기예보, 게임에서의 승률, 여론 조사, 상품의 불량률과 같이 우리 실생활과 밀접하게 관련된 내용을 직접적으로 다루기 때문입니다.

확률 지식을 이용하면 앞으로 일어날 여러 가지 경우와 가능성을 수치화할 수 있으며, 통계 지식을 통해 이미 일어난 일을 분석할 수 있습니다. 즉 확률과 통계 지식은 우리가 알 수 있는 제한된 자료를 토대로 알 수 없는 일에 대해 합리적인 판단과 의사 결정을 할 수 있게 돕습니다.

물론 판단의 근거가 되는 분석 방법이 논리적이고 객관적이어야 하겠지요. 우리는 이제 확률과 통계 분석 방법을 통해 인과관계를 설명할 수 있는 수학적인 원리를 배우게 됩니다.

우리 앞으로 성큼 다가 온 4차 산업혁명 시대에 확률과 통계 지식은 점점 더 중요해질 것입니다. 이미 경제, 경영, 의학, 생물학, 공학, 심리학, 마케팅 등의 분야는 물론이고 우리 삶의 곳곳에서 활용되고 있습니다. 또한 앞으로는 수많은 자료를 분석하고 활용할 수 있는 빅데이터와 관련된 통계 지식이 많이 필요할 것입니다.

최근 인공지능 기술이 급속도로 발전했습니다. 몇 년 전 구글에서 만든 인공지능인 '알파고'와 이세돌 9단의 바둑 대결이 있었습니다. 바둑에서는 경우의 수가 매우 많이 있습니다. 인공지능은 수많은 경우의 수 중에서 이길 확률이 높은 수를 계산한다고 합니다. 이렇게 신기한 확률과 통계의 세계로 같이 떠나보시죠.

수학 교과서로 배우는 최소한의 수학 지식

사건과 경우의 수

한 개의 주사위를 던질 때, 나오는 모든 경우는 다음과 같습니다. 총 여섯 개의 경우가 나옵니다.

이때 나오는 눈의 수가 6의 약수인 경우는 다음과 같이 네 가지
입니다.

한 개의 주사위를 던질 때, '홀수의 눈이 나온다', '3의 약수의 눈
이 나온다'와 같이, 같은 조건에서 반복할 수 있는 실험이나 관찰의
결과를 사건이라고 합니다. 또 사건이 일어나는 가짓수를 '경우의
수'라고 합니다.

사건	사건이 일어나는 경우	경우의 수
홀수의 눈이 나온다		3
3의 약수의 눈이 나온다		2

문제 다음 차림표를 보고 음식을 주문하려고 합니다. 생과일 주스와
차 중에서 한 가지를 골라 주문하는 경우의 수를 구하세요.

차림표

생과일 주스	차	쿠키
딸기 주스	녹차	초코칩 쿠키
복숭아 주스	홍차	건포도 쿠키
바나나 주스	유자차	아몬드 쿠키
망고 주스		참깨쿠키
오렌지 주스		

풀이 생과일 주스 다섯 가지와 차 세 가지를 합해 총 여덟 가지입니다.

문제 위의 차림표에서 음료 한 가지와 쿠키 한 가지를 골라 주문하는 경우의 수를 구하세요.

풀이 음료는 생과일 주스와 차로 총 여덟 가지가 있고, 쿠키는 네 가지 있습니다. 음료와 쿠키의 주문 쌍은 이들 두 수를 곱한 32가지가 됩니다.

통계적 확률

동전을 던질 때 앞면이 나올 가능성을 구해보겠습니다. 다음의 표는 한 개의 동전을 여러 번 반복하여 던져서 앞면이 나온 횟수를 조사하여 얻은 것입니다.

이 표에서 상대도수는 $\dfrac{(앞면이 \ 나온 \ 횟수)}{(동전을 \ 던진 \ 횟수)}$ 를 의미합니다.

동전을 던진 횟수(회)	100	200	300	400	500	600	700	800	900	1000
앞면이 나온 횟수(회)	56	98	154	205	246	303	347	402	449	501
상대도수	0.56	0.49	0.513	0.513	0.492	0.505	0.496	0.503	0.499	0.501

(상대도수는 반올림하여 소수점 아래 셋째자리까지 나타냄)

위 표의 상대도수를 그래프로 나타내면 다음과 같습니다. 이 그래프에서 동전을 던진 횟수가 많아질수록 상대도수는 일정한 값 0.5

에 가까워짐을 알 수 있습니다.

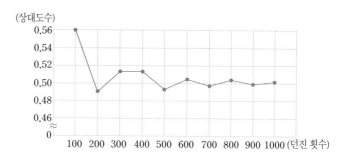

이처럼 같은 조건에서 실험이나 관찰을 여러 번 반복할 때 어떤 사건이 일어나는 상대도수는 일정한 값에 가까워지는데, 이 일정한 값을 통계적 확률이라고 합니다. 즉 동전을 던질 때 앞면이 나올 통계적 확률은 0.5입니다.

수학적 확률

통계적 확률을 구하기 위해서는 많은 횟수의 실험이나 관찰을 해야 합니다. 하지만 실험 및 관찰을 하지 않고도 동전의 앞면이 나올 가능성을 생각할 수 있습니다. 경우의 수를 생각해보는 것입니다.

예를 들어 한 개의 동전을 던질 때 나오는 경우는 앞면과 뒷면의 두 가지이고, 이때 각 면이 나올 가능성은 모두 같습니다. 따라서 한 개의 동전을 던질 때 앞면이 나올 가능성은 $\frac{1}{2}$입니다.

일반적으로 어떤 실험이나 관찰에서 각 경우가 일어날 가능성이 같을 때, 일어나는 모든 경우의 수를 n, 어떤 사건이 일어나는

경우의 수를 a라 하면 사건이 일어날 가능성 p는

$$p = \frac{\text{사건이 일어나는 경우의 수}}{\text{일어나는 모든 경우의 수}} = \frac{a}{n}$$

이며, 이때 이 가능성 p를 수학적 확률이라고 합니다.

여기서 p는 영어의 확률을 나타내는 단어 probability의 첫 글자입니다.

실험이나 관찰의 사례 수가 충분히 많을 경우 상대도수가 가까워지는 일정한 값을 통계적 확률이라고 했죠. 이 경우 통계적 확률은 수학적 확률과 같다고 알려져 있습니다. 따라서 같은 가능성의 경우의 수를 생각할 수 있는 상황에서는 수많은 실험이나 관찰을 할 필요없이 수학적 확률을 구하면 됩니다.

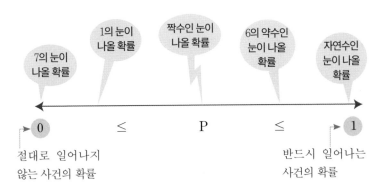

예를 들어 한 개의 주사위를 던질 때 각 눈이 나올 가능성은 모두 같으므로 3의 배수의 눈이 나올 확률은 $\frac{2}{6} = \frac{1}{3}$입니다.

문제 두 사람이 가위바위보 게임을 할 때, 서로 비길 확률을 구하세요.

풀이 두 사람이 가위바위보 게임을 하면, 나올 수 있는 모든 경우는 (가위, 가위), (가위, 바위), (가위, 보), (바위, 가위), (바위, 바위), (바위, 보), (보, 가위), (보, 바위), (보, 보) 총 아홉 가지입니다.

그리고 비기는 경우는 (가위, 가위), (바위, 바위), (보, 보) 세 가지이므로, 확률은 $\frac{3}{9} = \frac{1}{3}$입니다.

같은 이유로 어느 한쪽이 이길 확률 역시 $\frac{1}{3}$입니다.

대푯값(평균, 중앙값, 최빈값)

다음은 미술관에 전시된 두 작품 A, B에 대한 평론가 10인의 평점입니다.

<평론가 10인의 평점> (단위: 점)

A	6	5	5	5	4	5	7	6	4	6
B	8	7	9	9	9	8	8	6	6	9

평론가들의 평점을 대표하는 값으로 평균을 구하는 것이 적절합니다. 평점의 평균을 구해보면, 작품 A의 평점 평균은 5.3이고, 작품 B의 평점 평균은 7.9입니다. 작품 B의 평점 평균이 작품 A의 평점 평균보다 높습니다.

다음은 어떤 학생의 홈페이지에 방문한 13명의 나이 분포를 나타내고 있는 줄기와 잎의 그림입니다. 다음 물음에 답해보세요.

<홈페이지에 방문한 사람의 나이>

(1|1은 11세)

줄기	잎
1	1 2 3 4 5 5 5
2	0 2 5 8 8
3	
4	
5	
6	8

가) 이 학생의 홈페이지에 방문한 사람들의 나이의 평균은?

나) 방문한 사람의 나이가 평균보다 적은 사람 수와 많은 사람 수를 각각 구해보세요.

다) 이 자료에서 평균은 대푯값으로 적절한지 판단하세요.

이 자료에서 홈페이지에 방문한 13명의 나이의 평균은

$$(\text{평균}) = \frac{286}{13} = 22(\text{세})$$

그런데, 13명 중 8명의 나이는 평균 22세보다 적고, 4명의 나이는 평균보다 큽니다. 따라서 평균 22세는 자료의 특성을 대표하기에 적절하지 않습니다.

이와 같이 주어진 변량 중에서 값이 매우 크거나(여기서는 68),
매우 작은 값이 있는 경우에 평균은 그 극단적인 값의 영향을 많이
받습니다.

이와 같은 상황에서는 변량을 작은 값부터 크기순으로 나열했을
때, 한가운데 있는 값인 중앙값이 평균보다 그 자료 전체의 중심의
위치를 잘 나타낸다고 할 수 있습니다.

변량의 개수가 홀수인 경우에는 변량을 작은 값부터 크기순으로
나열하여 한가운데 있는 값을 중앙값으로 합니다. 또 변량의 개수가
짝수인 경우에는 한가운데 있는 값이 두 개이므로, 이 두 값의 평균
을 중앙값으로 합니다. 예를 들어 변량이 10개이면, 중앙값은 다음
과 같이 구합니다.

$$\frac{(다섯\ 번째\ 변량)+(여섯\ 번째\ 변량)}{2}$$

이제 최빈값에 대해 알아보겠습니다. 다음은 운동화 상점에서
판매된 운동화의 크기를 나타낸 자료입니다.

(단위: mm)

215	225	225	230	235
235	235	235	235	235
240	245	250	255	255
260	260	260	270	280

가) 운동화 크기의 평균과 중앙값을 각각 구해보세요.

나) 가장 많이 판매한 운동화의 크기를 구해보세요.

다) 신발 가게에서 가장 많이 주문해야 할 운동화의 크기는 얼마
일까요?

운동화 크기의 평균은 244 mm, 중앙값은 237.5 mm이고, 가장
많이 판매한 운동화의 크기는 235 mm입니다. 따라서 이 신발 가게
에서 가장 많이 주문해야 할 운동화의 크기는 235 mm임을 알 수
있습니다. 이와 같이 신발 가게에서는 평균이나 중앙값보다는 가장
많이 판매한 운동화의 크기가 더 의미가 있습니다.

이와 같이 자료의 변량 중에서 가장 많이 나타나는 값을 최빈값
이라고 합니다. 일반적으로 최빈값은 변량의 수가 많고, 변량에 같
은 값이 많은 경우에 주로 대푯값으로 사용됩니다. 또 가장 좋아하
는 색깔이나 운동과 같이 숫자로 나타낼 수 없는 경우에는 최빈값을
대푯값으로 이용합니다. 자료에 따라서 최빈값이 두 개 이상일 수도
있습니다.

다음은 어떤 학급의 학생 25명이 가장 좋아하는 운동을 한 가지
씩 조사해 나타낸 표입니다. 여기서 가장 많은 학생이 좋아하는 운
동은 농구입니다.

<좋아하는 운동>

운동	축구	농구	야구	탁구	종합
학생수(명)	5	11	6	3	25

다음은 학생 10명이 1분 동안 한 윗몸 일으키기 횟수, 체육복 치수, 영어 듣기 평가 성적을 조사하여 나타낸 것입니다. 세 자료의 대푯값으로 평균, 중앙값, 최빈값 중 무엇이 적절할까요?

\<윗몸 일으키기 횟수\>	\<체육복 치수\>	\<영어 듣기평가 성적\>
(단위: 회)	(단위: 호)	(단위: 점)
8 35 13 19 62 14 9 38 98 39	85 100 90 90 95 90 90 100 90 90	18 15 16 19 20 16 18 20 19 17

윗몸 일으키기 횟수는 중앙값, 체육복 치수는 최빈값, 영어 듣기평가 성적은 평균이 각각 대푯값으로 적절합니다.

분산과 표준편차

분산과 표준편차는 평균을 중심으로 자료가 얼마나 흩어져 있는지 수치화한 것입니다. 다음의 예를 통해 자세히 알아봅시다.

다음은 A 중학교와 B 중학교 야구부의 최근 10번의 야구 경기에서 각 팀이 얻은 점수를 나타낸 표입니다. 물음에 답해보세요

\<야구 경기에서 얻은 점수\>

경기 중학교	1	2	3	4	5	6	7	8	9	10	종합
A	5	10	9	5	8	10	9	6	8	10	80
B	7	8	8	9	9	8	8	7	8	8	80

A 중학교와 B 중학교가 얻은 점수의 평균은 8점으로 서로 같습니다. 그러나 두 팀이 얻은 점수를 각각 막대그래프로 나타내면 점수의 분포 상태가 서로 다릅니다.

다음과 같이 A 중학교가 얻은 점수는 평균 8점을 중심으로 좌우로 넓게 흩어져 있지만 B 중학교가 얻은 점수는 평균 8점에 가까이 모여 있습니다.

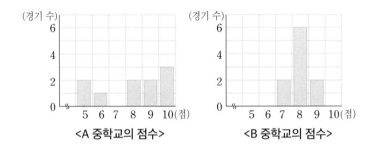

이와 같이 두 자료의 평균은 같아도 자료가 흩어져 있는 정도는 서로 다를 수 있으므로 대푯값만으로는 자료의 분포 상태를 충분히 나타낼 수 없습니다. 따라서 자료가 흩어져 있는 정도를 하나의 수로 나타낸 값이 필요합니다. 이 값을 산포도라고 합니다.

산포도는 각 변량이 평균으로부터 얼마나 멀리 떨어져 있는가를 이용하여 알아볼 수 있습니다. 이때 각 변량에서 평균을 뺀 값을 그 변량의 편차라고 합니다.

$$(편차) = (변량) - (평균)$$

위의 예에서 A, B 중학교 팀이 얻은 점수의 편차와 그 편차의 총합을 각각 구하면 다음 표와 같습니다.

중학교 \ 경기	1	2	3	4	5	6	7	8	9	10	편차의 종합
A	-3	2	1	-3	0	2	1	-2	0	2	0
B	-1	0	0	1	1	0	0	-1	0	0	0

편차의 총합은 항상 0이 됩니다. 따라서 편차의 평균도 0이 되어 편차의 평균으로는 자료가 흩어져 있는 정도를 알 수 없지요. 따라서 편차의 평균 대신 편차를 제곱한 값의 평균을 산포도로 사용합니다. 이 값이 바로 분산입니다. 또한 분산의 양의 제곱근을 표준편차라고 합니다. 분산의 값이 큰 경우 조금 더 작은 수인 표준편차를 사용하는 것이죠.

여기서 편차의 제곱의 합만을 이용하면 안 됩니다. 반드시 이 값들의 평균을 구해야 하는데, 그 이유는 각 집단의 변량의 크기가 다를 수 있기 때문입니다. 예를 들어 인원수 차이가 있는 두 학급의 수학 점수의 분산을 비교할 때 두 학급의 인원수의 차이가 있다면, 수가 많은 학급에서 편차의 제곱의 합이 더 클 수 있기 때문입니다. 인원수로 나누는 것이 필요한 이유입니다.

위의 표에서 A 중학교 야구팀이 얻은 점수의 분산과 표준편차를 각각 구하면 다음과 같습니다.

$$(분산) = \frac{(-3)^2 + 2^2 + 1^2 + (-3)^2 + 0^2 + 2^2 + 1^2 + (-2)^2 + 0^2 + 2^2}{10}$$
$$= \frac{36}{10} = 3.6$$
$$(표준편차) = \sqrt{3.6} = 1.89$$

같은 방법으로 B 중학교 야구팀이 얻은 점수의 분산과 표준편차를 각각 구해보겠습니다.

$$(분산) = \frac{(-1)^2 + 0^2 + 0^2 + 1^2 + 1^2 + 0^2 + 0^2 + (-1)^2 + 0^2 + 0^2}{10}$$

$$= \frac{4}{10} = 0.4$$

$$(표준편차) = \sqrt{0.4} = 0.63$$

이는 A 중학교 야구팀과 B 중학교 야구팀에서 얻은 평균점수는 같지만, B 중학교 야구팀의 점수가 평균 주위에 더 모여 있다는 것을 말해줍니다.

분산과 표준편차는 자료들이 평균 주위에 모여 있을수록 작아지고, 자료들이 평균으로부터 멀리 흩어져 있을수록 커집니다. 분산과 표준편차를 구하는 방법을 정리하면 아래와 같습니다.

$$(분산) = \frac{(편차)^2의\ 총합}{(변량)의\ 개수}$$

$$(표준편차) = \sqrt{(분산)}$$

상관관계

어느 상점에서 일평균 기온과 아이스크림의 매출액을 다음의 표와 그래프로 정리했습니다.

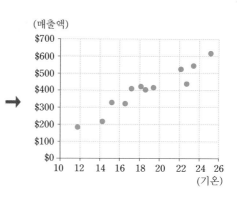

아이스크림 매출과 기온	
기온	아이스크림 매출액
14.2°	$210
16.4°	$325
11.9°	$185
15.2°	$312
18.5°	$406
22.1°	$519
19.4°	$412
25.1°	$614
23.4°	$544
18.1°	$421
22.6°	$445
17.2°	$408

일평균 기온과 아이스크림 판매량 같이 서로 대응하는 두 변량을 순서쌍으로 나타내 좌표평면에 그래프로 나타낼 수 있는데, 이 그래프를 두 변량 사이의 관계를 나타낸 산점도라고 합니다.

위의 예에 해당하는 산점도를 통해, 기온이 올라갈수록 아이스크림의 판매량이 증가하는 것을 확인할 수 있습니다. 이처럼 한 변량이 증가함에 따라 다른 변량도 증가하는 경향이 있을 때, 이 둘 사이에 양의 상관관계가 있다고 합니다.

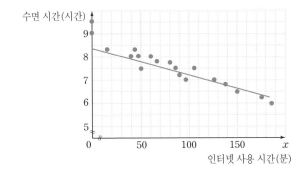

위의 산점도는 어떤 학급 학생 20명의 하루 인터넷 사용 시간과 수면 시간 사이의 관계를 나타낸 산점도입니다. 인터넷 사용 시간이 증가할수록 대체로 수면 시간이 줄어드는 경향이 있는데, 이 경우 음의 상관관계에 있다고 합니다.

일반적으로 양의 상관관계가 있거나 또는 음의 상관관계가 있으면 이를 통틀어 상관관계가 있다고 합니다. 상관관계가 있는 두 변량의 산점도를 보면 기울기가 양수, 또는 음수인 직선 주위에 점들이 모여 있습니다.

한편 산점도의 점들이 양의 기울기, 또는 음의 기울기를 갖는 직선 주위에 있다고 말하기 어려울 정도로 흩어져 있거나, 점들이 x축 또는 y축에 평행한 직선 주위에 분포하는 경우에는 두 변량 x와 y 사이에 상관관계가 없다고 합니다.

문제 다음 보기의 산점도 중에서 두 변량 x와 y사이에 상관관계가 있는 것을 모두 고르세요.

212

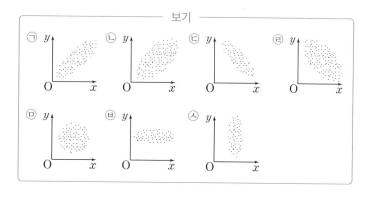

보기

풀이 ㉠, ㉡(양의 상관관계), ㉢, ㉣(음의 상관관계)

수학 교과서에서 한 걸음 더 나아가기

통계적 확률은 실제로 시행한 결과를 바탕으로 한 상대도수이며, 수학적 확률은 경우의 수를 이용해 구한 이론적인 확률입니다. 이 두 확률의 관계를 아주 잘 나타내주고 있는 통계학의 법칙이 있는데, 바로 '큰 수의 법칙'입니다.

큰 수의 법칙은 시행 횟수가 늘어날수록 통계적 확률이 수학적 확률에 가까워진다는 법칙입니다. 큰 수의 법칙으로 인해 우리는 동전을 무한히 던지지 않고도 앞면이 나올 가능성을 $\frac{1}{2}$로 예측할 수 있습니다.

큰 수의 법칙

실행횟수가 늘어나면 통계적 확률이 수학적 확률에 가까워진다.

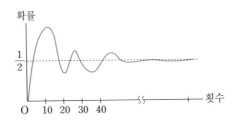

수학적 확률: 이론적으로 계산해 나온 확률
통계적 확률: 실제로 실행한 결과를 통해 나온 확률

위 그래프를 보면 동전을 던지면 앞면이 나오는 확률이 처음에는 들쑥날쑥하지만 나중에는 $\frac{1}{2}$에 근접한다는 것을 확인할 수 있습니다.

수학 문제 해결

문제 다음은 두 학생 A, B의 수학 형성 평가 성적을 나타낸 표입니다. 두 학생 중에서 누구의 성적이 더 고르다고 할 수 있을까요?

회	1	2	3	4	5
A	2	8	6	4	10
B	9	7	1	3	10

<수학 형성 평가 성적>

(단위: 점)

풀이 두 학생 중에서 고른 성적 분포를 보이는 학생을 찾기 위해서는 산포도의 분산이 작은 경우를 구해야 합니다.

분산은 편차의 제곱의 평균입니다. 편차를 구하기 위해선 평균을 구해야 하지요. 즉 분산을 구하기 위해서는 먼저, 평균을 구해야 합니다.

A의 평균과 B의 평균은 6으로 같습니다.

하지만 다음과 같이 분산은 B의 값이 더 큽니다.

A의 분산은 $\dfrac{4^2+2^2+0^2+2^2+4^2}{5}=8$

B의 분산은 $\dfrac{3^2+1^2+5^2+3^2+4^2}{5}=12$

그러므로 A의 점수 분포가 더 고릅니다.

수학 발견술 1	분산을 구하려면, 평균 먼저 구해야 한다.

문제 '한 개의 동전을 던질 때 앞면이 나올 확률이 $\dfrac{1}{2}$이다'의 의미를 올바로 해석한 것을 고르세요.

가) 동전을 10번 던지면 앞면이 반드시 5번 나온다.

나) 동전을 1000번 던지면, 앞면이 500번 정도 나올 것으로 기대할 수 있다.

풀이 한 개의 동전을 던질 때, 앞면이 나올 확률이 $\frac{1}{2}$이라는 것은 이론적으로 예측한 수학적 확률입니다. 실제 시행을 해본다면, 큰 수의 법칙에 의해 많은 시행을 할 경우 통계적 확률인 상대도수가 $\frac{1}{2}$에 가까워지게 됩니다. 따라서 (나)의 해석이 옳습니다.

문제 '내일 비가 올 가능성이 50%이다'의 의미를 올바로 해석한 것을 고르세요.

가) 비가 오거나 안 오거나 둘 중 하나의 경우가 있으므로, 내일 비가 올 가능성과 오지 않을 가능성은 언제나 50%로 같다.

나) 내일 예상되는 구름과 바람 등의 기상현상을 볼 때, 비슷한 상황에서 과거에 50% 정도는 비가 내렸다.

풀이 비가 오는 것과 오지 않는 것은 일어날 가능성이 같지 않습니다. 따라서 비가 올 확률은 수학적 확률로 구할 수 없습니다. 다만 과거의 수많은 사례와 경험에 의해 축적된 자료를 이용하는 통계적 확률을 활용해야 합니다.

보통 수학은 정확한 답을 요구하지요. 확률 이론은 예측이기 때문에 정확한 답을 제공하지 않습니다. 다만, 예측을 하는 과정에서 과학적이고 논리적인 방법론을 통해 더 정확한 답을 찾을 수 있다는 사실을 기억하기 바랍니다.

수학 감성

평균의 함정

살다 보면 평균을 구하는 상황이 많이 생깁니다. 여러분이 기말고사를 보게 되면, 평균 점수를 구하곤 하지요. 평균을 조금 다른 시각에서 살펴보겠습니다. 만일 여러분이 앞으로 천문학적으로 많은 연봉을 받고 어떤 회사에 취직한다고 생각해보겠습니다. 다른 직원들과 연봉의 차이가 아주 큽니다.

천문학적인 연봉 덕분에 직원들의 평균 연봉이 올라가게 됩니다. 하지만 이렇게 되면 대부분의 직원이 퇴직할 때까지도 평균 연봉을 받는 것은 불가능하겠죠.

이는 평균이 내포하고 있는 함정을 보여주는 사례입니다. 평균과 함께 중앙값과 최빈값 등을 함께 파악해야 현실을 정확하게 알 수 있습니다. 통계 지식은 우리에게 자료를 분석할 수 있는 무한한 기술을 제공합니다. 다만 통계값이 나타내는 의미를 정확히 해석하는 것이 우리의 몫입니다.

상관관계와 인과관계

두 변량 x와 y 사이에 상관관계가 있다는 것은 변량 x의 값이 증가할수록 y의 값이 증가하거나(양의 상관관계), y의 값이 감소한다(음의 상관관계)는 관계만을 나타냅니다. 즉 두 변량 중 어느 것이 원인이고 어느 것이 결과인지 나타내는 인과관계가 아닙니다. 원인과 결과가 뒤바뀔 수도 있고, 양쪽이 동시에 원인이 되거나 결과가 되는 경우도 있습니다.

예를 들어, 보통의 경우 학생들의 몸무게와 키의 관계를 나타내는 산점도를 그리면 양의 상관관계를 보입니다. 이와 같은 상관관계를 '몸무게가 늘어나기 때문에 키가 성장한다'는 식의 인과관계로 해석할 수 없습니다. 왜냐하면, 학생들이 성장함에 따라 몸무게가 늘어나고 키도 크기 때문입니다.

직각삼각형 및 원

불변량을 찾아라

자연의 모든 결과는 다만 몇 가지 불변의 법칙이 수학적으로 전개된 결과이다.
— 라플라스

들어가기

이번 강의는 이전 시간에 공부한 기하학의 연장선상에 있습니다. 우리는 두 변수 사이에 한 값이 변하면, 다른 값도 따라서 변하는 관계를 함수라고 정의했습니다. 규칙성을 갖는 함수일 경우 식이나 표로 변화 양상을 표현할 수 있습니다.

함수와는 다른 의미로 한 값이 변해도 다른 값은 변치 않고 일정한 성질이나 양을 갖는 경우가 있습니다. 모양과 크기에 상관없이 삼각형의 세 내각의 합은 언제나 180°가 되지요. 닮음 도형에서 닮음비가 $a:b$이면, 넓이의 비는 $a^2:b^2$으로 언제나 동일합니다.

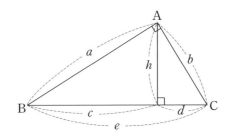

위의 그림을 보시죠. 이전 강의에서 위 그림에 있는 세 개의 직각 삼각형이 닮음이고, 여러 가지 관계식이 성립한다고 배웠습니다. 대표적으로 $c \times d = h^2$ 정도는 외워두라고 했습니다.

이처럼 수학에선 불변의 법칙도 있습니다. 어떤 변형이 적용될 때 변치 않고 유지되는 고윳값 내지는 관계식이 있습니다. 수학에서는 이 값을 불변량invariant이라고 합니다. 위의 예에서 180°, $a^2 : b^2$, $c \times d = h^2$과 같은 값들이 불변량입니다. 불변량의 개념은 학교 수학의 내용에 다수 포함되어 있으나 구체적으로 언급되거나 강조하고 있지 않기 때문에 생소한 개념입니다.

학교 수학의 도형 단원에서는 유독 삼각형(특히 직각삼각형)과 원에 대한 내용이 많이 있습니다. 우리 주변을 살펴보면 그 이유를 알 수 있습니다. 가장 기본적인 도형이 사각형과 원이지요. 사각형은 삼각형 두 개를 이어 만들 수 있으니, 삼각형과 원이 기본 도형이라고 할 수 있겠습니다.

피타고라스의 정리, 삼각비, 원의 성질과 같은 기하의 내용을 중심으로 '불변량 파악'이 문제 해결 전략으로서 중요한 방법이 된다는 것을 확인하겠습니다.

수학 교과서로 배우는 최소한의 수학 지식

피타고라스 정리

피타고라스의 정리는 아마 학교를 졸업한 뒤 몇 년이 지나도 기억나는 내용 중 하나일 겁니다. 직각삼각형에서 빗변의 제곱은 항상 밑변의 제곱과 높이의 제곱의 합으로 나타나는 관계를 갖는 일종의 불변량입니다.

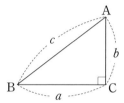

위의 그림과 같은 직각삼각형에서 언제나 $a^2+b^2=c^2$이 성립합니다.

문제 다음 직각삼각형에서 x의 길이를 구하세요.

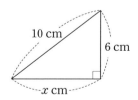

풀이 피타고라스의 정리에 의해서 $x^2+6^2=10^2$이므로, $x^2=64$입니다. 그런데 x는 양수이므로 8입니다.

원과 직선의 관계

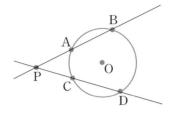

원과 두 개의 직선이 위의 그림처럼 만날 때 $\overline{PA} \times \overline{PB} = \overline{PC} \times \overline{PD}$ 인 관계가 성립합니다. 이유는 다음과 같습니다.

보조선 $\overline{AD}$, $\overline{BC}$를 그어주면, 호 $\overarc{AC}$에 대한 원주각인 $\angle ABC$와 $\angle ADC$는 크기가 같습니다. 따라서 $\triangle PAD \backsim \triangle PCB$(AA 닮음) 이며, 닮음비의 관계에 의해 $\overline{PA} : \overline{PD} = \overline{PC} : \overline{PB}$입니다. 그러므로 $\overline{PA} \times \overline{PB} = \overline{PC} \times \overline{PD}$입니다.

수학책에서는 이 관계식을 불변량으로 설명하지 않습니다. 하지만 다음과 같이 생각하면 이 관계식이 불변량의 표현임을 알 수 있습니다.

원 O와 원의 외부에 있는 한 점 P가 고정되어 있을 때, 점 P를 지나는 직선이 원 O와 만나는 두 점을 A, B라고 놓겠습니다. 이때 직선 $\overleftrightarrow{PAB}$가 어떻게 변해도 $\overline{PA} \times \overline{PB}$의 값은 변하지 않는 일정한 불변량이 됩니다.

원 밖의 한 점에서 원과 두 점에서 만나는 직선을 그으면 언제나 첫 번째 만날 때까지의 거리와 두 번째 만날 때까지의 거리의 곱이 일정하다는 의미이지요.

삼각비

다음 그림에서 △ABC, △ADE, △AFG, …는 모두 ∠A가 공통인 직각삼각형이므로 이들은 서로 닮음(AA닮음)입니다. 서로 닮은 도형에서는 대응변의 길이의 비가 항상 일정하므로,

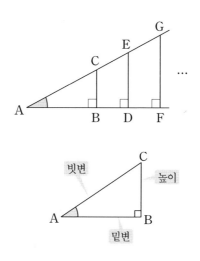

$$\frac{\overline{BC}}{\overline{AC}} = \frac{\overline{DE}}{\overline{AE}} = \frac{\overline{FG}}{\overline{AG}} = \cdots \quad \Longleftarrow \quad \frac{(높이)}{(빗변의\ 길이)}$$

$$\frac{\overline{AB}}{\overline{AC}} = \frac{\overline{AD}}{\overline{AE}} = \frac{\overline{AF}}{\overline{AG}} = \cdots \quad \Longleftarrow \quad \frac{(밑변의\ 길이)}{(빗변의\ 길이)}$$

$$\frac{\overline{BC}}{\overline{AB}} = \frac{\overline{DE}}{\overline{AD}} = \frac{\overline{FG}}{\overline{AF}} = \cdots \quad \Longleftarrow \quad \frac{(높이)}{(밑변의\ 길이)}$$

가 성립합니다. 이처럼 직각삼각형 ABC에서 ∠A의 크기가 정해지면 직각삼각형의 크기와 관계없이 밑변, 높이, 빗변의 값 사이의 비율이 항상 일정합니다.

$\angle C = 90°$인 직각삼각형 ABC에서

$\angle A$, $\angle B$, $\angle C$의 대변의 길이를

각각 a, b, c라고 할 때

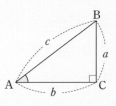

$\sin A = \dfrac{a}{c}$, $\cos A = \dfrac{b}{c}$, $\tan A = \dfrac{a}{b}$이다.

한 예각의 크기가 같은 직각삼각형은 모두 닮음입니다. 서로 닮은 직각삼각형에서 대응하는 변 사이의 비가 일정하기 때문에 삼각비는 변하지 않는 불변량이 됩니다. 따라서 각 A가 있으면 그 각 A만의 고유한 $\sin A$, $\cos A$, $\tan A$값이 있습니다.

예)

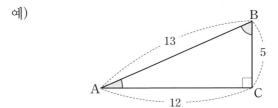

위의 삼각형에서 $\sin A = \dfrac{5}{13}$, $\cos A = \dfrac{12}{13}$, $\tan A = \dfrac{5}{12}$,

$\sin B = \dfrac{12}{13}$, $\cos B = \dfrac{5}{13}$, $\tan B = \dfrac{12}{5}$ 입니다.

사인법칙

임의의 $\triangle ABC$의 외접원의 반지름의 길이를 R이라고 하면,

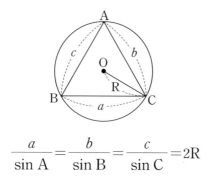

$$\frac{a}{\sin A} = \frac{b}{\sin B} = \frac{c}{\sin C} = 2R$$

위의 식이 성립합니다. 위 식을 사인법칙이라고 합니다. 삼각형의 세 변의 길이와 세 각의 크기 사이의 관계를 보여줍니다. 언제나 $a : b : c = \sin A : \sin B : \sin C$가 됩니다.

불변량의 관점에서 사인법칙은 반지름의 길이가 R인 원 O가 고정되어 있을 때, 내접하는 임의의 삼각형에서 서로 마주 보는 변과 각의 사인값의 비율이 원의 지름이 된다는 것을 의미합니다.

문제 지점 A와 B 사이의 거리는 150 m입니다. A와 B를 연결한 선에서 각각 75°, 45°의 각을 이루는 곳을 P라 했을 때, $\overline{AP}$의 길이와 세 지점을 지나는 원의 넓이를 구하세요.

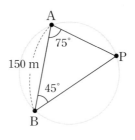

풀이 가) $\overline{AP}$의 길이

∠P=60°이므로, 사인법칙에 의하여 $\dfrac{150}{\sin60°}=\dfrac{\overline{AP}}{\sin45°}$ 입니다.

그러므로 $\overline{AP}=50\sqrt{6}(\mathrm{m})$입니다.

나) △ABP의 외접원의 넓이

사인법칙에 의해 $\dfrac{150}{\sin60°}=2\mathrm{R}$이므로, $\mathrm{R}=50\sqrt{3}(\mathrm{m})$이며,

△ABP의 외접원의 넓이는 $7500\pi(\mathrm{m}^2)$입니다.

불변량을 이용하는 몇 가지 문제들

(1) 자연수의 합

수학자 가우스는 어린 나이에 1부터 100까지의 합을 다음과 같은 계산식으로 구했다고 합니다.

$x=$	1	+ 2	+ 3	+ 4	$+\cdots$	+ 97	+ 98	+ 99	+100
$x=$	100	+ 99	+ 98	+ 97	$+\cdots$	+ 4	+ 3	+ 2	+ 1
$2x=$	101	+101	+101	+101	$+\cdots$	+101	+101	+101	+101

$$2x=100\times101$$
$$x=\dfrac{100\times101}{2}$$
$$=5050$$

여기서 가우스가 사용한 불변량의 값은 101입니다.

(2) 소금물의 농도 문제

소금물 농도 문제는 소금의 양을 일정하게 놓고 풉니다. 예를 들어 소금물 100 g에 소금이 10 g 녹아 있다면, 이 소금물의 농도는 10%입니다. 이 소금물에 물을 100 g만큼 더 부으면, 이 소금물의 농도는 5%로 변합니다. 그러나 소금의 양은 여전히 10 g으로 일정하기 때문에 소금의 양은 불변량이라고 볼 수 있습니다.

문제 소금물 100 g의 농도가 20%입니다. 농도를 10%로 바꾸기 위해서는 얼마의 물을 더 넣어야 하나요?

풀이 소금의 양이 $100 \times \dfrac{20}{100} = 20(\mathrm{g})$으로 불변량이 되기 때문에

$(100 + x) \times \dfrac{10}{100} = 20(\mathrm{g})$이 되어야 합니다.

그러므로 더 넣어야 할 물의 양은 $x = 100(\mathrm{g})$입니다.

(3) 일차함수 그래프에서의 y절편

함수에서도 의도된 조작으로 변하지 않는 불변량을 찾는 것이 가능합니다. 예를 들어 일차함수 $y = ax + b$의 경우 a값에 상관없이 y절편은 b가 됩니다. 즉 그래프는 항상 $(0, b)$를 지납니다.

수학 교과서에서 한 걸음 더 나아가기

산술평균과 기하평균의 관계

우리가 일반적으로 사용하는 평균은 산술평균입니다. 기말고사 성적의 평균을 내고 싶으면, 모든 과목 점수의 합을 과목 수로 나누지요. 하지만 기하평균이라는 것도 있습니다. 물가상승률이나 이자수익률과 같이 곱셈으로 계산하는 값들의 평균을 계산하고자 할 때 산술평균이 아닌 기하평균을 사용해야 합니다.

산술평균과 기하평균은 아래와 같은 그림으로 표현할 수 있습니다. 두 양수 a, b에 대해서 산술평균은 $\dfrac{a+b}{2}$(초록색 선분)이며, 기하평균은 $\sqrt{ab}$(회색 선분)입니다.

$a+b$가 원의 지름이 되기 때문에 산술평균은 반지름이 됩니다. 그런데 기하평균은 선분 AD의 길이가 됩니다. 왜일까요?

우리가 지난 강의 시간 배운 내용, 그리고 이번 강의의 도입 부분에서 외워두라고 한 식과 관련이 있습니다. 다시 살펴보기 바랍니다.

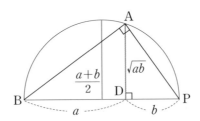

산술평균과 기하평균 두 값 사이에는 항상 다음과 같은 불변의 관계식이 성립합니다.

$$\frac{a+b}{2} \geq \sqrt{ab}$$

등호는 a값과 b값이 같을 경우에 성립합니다. 그림을 보면, $a=b$ 인 경우에 초록색 선분인 산술평균과 회색 선분인 기하평균의 값이 모두 반지름으로 같아집니다. 그 이외에는 언제나 초록색 선분의 길이가 회색 선분보다 깁니다.

위 그림은 직각삼각형의 작도와도 관련되어 있습니다. 우리가 지난 시간에 삼각형의 외심을 공부하면서 직각삼각형의 경우는 빗변의 중점에 외심이 있다고 했습니다. 즉 빗변이 주어진 직각삼각형을 작도하기 위해서는 빗변의 중심을 찾아 원을 그린 후 원과 만나는 다른 점을 연결해 직각삼각형을 그리면 됩니다.

수학 문제 해결

문제 다음 그림과 같이 $\overline{AB}$가 지름인 반원에서 지름의 양 끝점인 A와 B, 호 위의 점 P를 연결해 삼각형을 만들었습니다. 이때, $\overline{AP} \times \overline{PB} \leq 2r^2$임을 보이세요(단 r은 반지름).

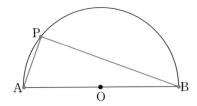

풀이 원의 지름에 대한 원주각은 항상 직각이 되므로 ∠APB＝90°
입니다(외심의 위치를 통해서도 △APB가 직각삼각형임을
알 수 있어요).

따라서 △APB의 넓이는 $\dfrac{\overline{\text{AP}} \times \overline{\text{PB}}}{2}$이고, 결국 이 부등식은
넓이에 관한 관계식입니다.

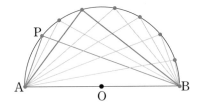

점 P가 호 위의 어느 위치에 있어도 직각삼각형이 되며, 원의
넓이가 가장 큰 경우는 점 P가 원의 중심 O에서 그은 수선 위에
있는 경우입니다. 이때의 밑변의 길이는 $2r$이고 높이가 r이 되므로,
모든 경우의 직각삼각형 넓이는 $\dfrac{2r \times r}{2}=r^2$과 같거나 작습니다.

따라서 $\dfrac{\overline{\text{AP}} \times \overline{\text{PB}}}{2} \leq r^2$이며, 식을 정리하면 언제나 $\overline{\text{AP}} \times \overline{\text{PB}} \leq 2r^2$
의 관계가 성립합니다.

이 문제에서 우리는 반원 위에 그린 삼각형은 언제나 직각삼각형이 되며, $\dfrac{\overline{AP} \times \overline{PB}}{2}$ 가 직각삼각형 넓이가 된다는 불변의 법칙을 이용했습니다.

수학 발견술 1　　　　　　　　불변량을 검토하라.

문제 　다음 그림과 같은 직각삼각형에서 언제나 $a^2 + b^2 = c^2$이 성립합니다(피타고라스의 정리). 그 이유를 설명하세요.

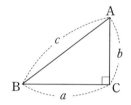

풀이 　피타고라스의 정리를 만족시키는 수를 피타고라스의 수라고 합니다. 예를 들어 $(a, b, c) = (3, 4, 5), (6, 8, 10), (5, 12, 13), \cdots$과 같은 수의 조합이 가능합니다. 직각삼각형에서 언제나 $a^2 + b^2 = c^2$가 성립된다는 이유를 설명하기 위해서는 내가 먼저 확신을 해야 합니다. 몇 개의 수를 대입해보는 것입니다. 귀납입니다. 귀납은 구체적이고 개별적 사례들을 통해 보편적 사실로서의 결론을 이끌어내는 추론 방법입니다.

귀납은 아주 좋은 발견술입니다. 다만 모든 사례를 다 조사하는 것은 현실적으로 불가능하기 때문에 수학에선 반드시 연역적으로 증명을 해야 하는 것이죠.

현재까지 알려진 피타고라스 정리의 증명 방법은 300가지가 넘는다고 합니다. 고대 그리스의 유클리드가 증명한 내용도 의미가 있지만, 여기선 교과서에서 많이 나오는 가장 보편적인 방법을 알아보겠습니다.

핵심은 정사각형을 만드는 것입니다. 주의할 점은 직각삼각형의 빗변이 아닌 두 변의 길이의 합을 한 변으로 하는 정사각형을 만드는 것입니다.

△ABC에서 두 변 AC, BC의 연장선을 그려 한 변의 길이가 $a+b$인 정사각형을 만들었습니다.

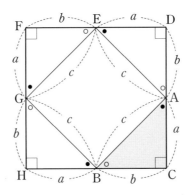

꼭짓점과 모든 변의 길이를 위의 그림처럼 표시할 수 있으며, 직각삼각형은 모두 합동입니다. 이제 넓이를 비교해보겠습니다. 큰 정사각형의 넓이는 가운데 있는 작은 정사각형의 넓이와 직각삼각형 네 개의 넓이를 더한 것과 같습니다.

(사각형 CDFH의 넓이)

= (사각형 AEGB의 넓이)+4(삼각형 ABC의 넓이)

이므로,

$$(a+b)^2 = c^2 + 4 \times \frac{1}{2}ab$$

$$a^2+b^2+2ab = c^2+2ab$$

$$a^2+b^2 = c^2$$

입니다. 따라서 △ABC에서 항상 $a^2+b^2=c^2$이 성립함을 알 수 있습니다.

수학 발견술 2	귀납으로 발견하고, 증명으로 완성하라.

수학 감성

불변량을 어떻게 찾을까?

수학을 배우는 목적은 여러 가지가 있습니다. 그중 한 가지가 수학을 배우면 실생활에서 우리에게 도전을 주는 삶의 문제 해결에 도움이 될 수 있기 때문입니다. 물론 수학을 몰라도 됩니다. 대다수의 사람들은 수학을 못해도 잘 살아갑니다. 반대로 수학에 능통해도 현실 문제 해결에 서툰 사람들도 있지요. 수학이 우리에게 닥친 인생 문제 해결에 직접적으로 도움을 줄 수 있다는 주장에 대한 근거를 찾기가 쉽지 않아 보입니다. 하지만 분명한 것은 수학이 논리적 사유의 방법을 제공해준다는 사실입니다.

함수에는 변화하는 양과 변하지 않는 불변량의 개념이 모두 포함되어 있습니다.

예를 들어 함수 $y=2x+3$에서는 x와 y값들은 변하지만, 기울기는 언제나 변하지 않는 고정된 값입니다. 이차함수 $y=ax^2$을 볼까요? 이 함수에서 a도 변수라고 생각하면 a, x, y들이 모두 변합니다. 그런데 a에 여러 값을 대입해 귀납적으로 확인해보면, 어떤 경우라도 원점 $(0, 0)$을 지나는 포물선이 된다는 사실을 알 수 있습니다.

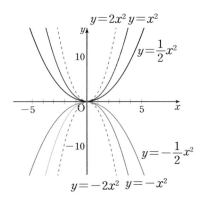

이처럼 함수에서는 의도된 조작으로 양을 변화시켜($y=ax^2$에서의 a값 변화) 불변량을 찾을 수 있습니다. 변치 않는 본질을 찾기 위한 일종의 모험이자 시행착오입니다. 시행착오는 시행을 해보고 오류를 발견한 후, 이를 극복해 다시 행하는 일을 반복하고 문제를 해결하는 것입니다.

우리 삶은 변화하는 것들, 변치 않는 것들로 가득 차 있지요. 대부분은 두 가지가 복합되어 있습니다. 함수에서 불변량을 찾기 위해 시행착오가 필요했던 것처럼 혼돈의 인생길에서도 다양한 경험을 통해 나만의 진리를 발견할 수 있습니다. 모험과 시행착오의 과정이 모두 공부가 됩니다.

오래전부터 인간의 세 가지 불행이 전해지고 있습니다. 이 중 소년등과少年登科를 첫 번째로 꼽습니다. 소년등과는 어린 나이에 출세한 것입니다. 일찍 출세한 것은 좋은 일이라고 생각하실지 모르겠지만, 우리 선조들은 이를 철저하게 경계했습니다. 왜냐하면 어린 나이에 성공하는 바람에 시행착오를 경험하거나 실패를 겪어보지 못했기 때문입니다.

《맹자》〈고자장구告子章句〉하편에는 이런 대목이 나옵니다.

"하늘이 어떤 사람에게 큰일을 맡기려 하면, 반드시 먼저 그 마음과 뜻을 괴롭게 하고, 근육과 뼈를 깎는 고통을 주고, 몸을 굶주리게 하고, 하는 일마다 어지럽게 한다. 이유는 마음을 흔들어 참을성을 기르게 하기 위함이며, 지금까지 할 수 없었던 일을 할 수 있게 하기 위함이다."

과거에 선비들이 공부할 때나 유배를 가서 철저한 고독과 고통 속에서 방 안에 써 붙여 놓고 스스로 달랬던 글입니다.

'젊었을 때 고생은 사서도 한다'는 말은 평범하지만 매우 깊은 진리를 담고 있는 잠언입니다. 이것을 주역에서는 '일음일양지위도 一陰一陽之謂道'라고 합니다. 밤이 오면 그다음에는 반드시 낮이 찾아오는 게 세상의 이치라는 이야기입니다.

위기 상황 대처법

코로나 19 팬데믹으로 전 세계가 대혼란의 시기를 겪고 있습니다. 확진자와 사망자가 급증해 국경을 봉쇄하는 나라도 있었습니다.

역사적인 온라인 수업을 앞두고 여러 가지 말들이 오고 갔습니다. 전시에는 장수를 바꾸지 않는다는 금언이 떠올랐습니다. 핵심과 본질을 건드리지 말고 변화를 최소화하는 전략이 필요해 보였습니다. 본질적인 것은 그대로 두고 비본질적인 것을 바꿔가면서 대응했습니다. 학생들과 나눠야 할 수학의 내용과 가치들이 본질적인 것이지요. 반면 접근하는 방법들은 비본질적인 것으로 상황에 맞게 바꿀 수 있습니다.

살다보면 누구에게나 위기가 닥칩니다. 때와 장소를 가리지 않으며, 정형화된 모습도 없습니다. 불확실성이 높은 위기 상황에서 무리한 전략은 오히려 해가 될 수 있습니다. 핵심은 지키면서 변화를 취하는 가능한 심플한 전략을 택해야 합니다.

불변량 찾으려면 시행착오를 거쳐봐야 한다고 말씀드렸지요. 때론 실패도 해봐야 합니다. 하지만 위기 상황은 연습이 아닌 실전입니다. 젊은 날의 실패는 미덕이 될 수 있으나 중년 이후의 실패는 회복하기가 훨씬 어렵습니다. 끝까지 바꾸지 말고 지켜야 할 가치나 신념은 잘 간직해야 합니다.

물론 바꾸지 말아야 할 절대 불변량을 통찰하기는 힘듭니다. 하지만, 지금 이 위기 상황에서 변화시켜야 할 것과 절대 바꾸면 안 될 것들을 같이 생각해보시기 바랍니다. 이들을 나란히 놓고 함께 고려한다는 것 자체만으로 현상을 더 폭넓게 이해할 수 있습니다. 더 나아가 복잡한 문제들을 창의적으로 해결할 수 있는 실마리가 풀릴지도 모릅니다.

모든 것의 시작: 고대 그리스

현대 수학에 스민 고대 그리스 정신

수학의 기원을 찾기 위해서는 고대 문명까지 거슬러 올라가야 합니다. 인류의 탄생과 함께 시작된 수학은 아마도 가장 오랜 역사를 가지고 있는 학문일 겁니다. 고대 문명이 발달했던 이집트, 바빌로니아, 중국, 인도 등의 유적에서 오래된 수학의 증거들을 발견할 수 있습니다.

학문이라는 관점에서 보면 어떨까요? 오늘날 화려한 발전을 이룩한 다양한 분야의 학문의 근원을 거슬러 올라가면 고대 그리스에 뿌리를 두고 있다는 것을 발견하게 됩니다. 고대 그리스는 철학의 시작이었고, 학문의 출발점이었습니다.

체계적인 학문으로서 수학도 마찬가지로 지금으로부터 약 2500년 전인 고대 그리스 시대에 정립되었습니다. 이제 우리의 시계를 고대 그리스 시대로 돌려보겠습니다.

이 시기에 활동하면서 후대에 큰 영향을 준 입지적인 인물들이 있지요. 소크라테스, 플라톤, 아리스토텔레스를 기억하고 있을 겁니다. 스승과 제자로 연결된 학문의 연결고리를 통해 이들은 고대 그리스 학문의 발전에 크게 기여했습니다.

우리는 이들을 모두 철학자로 기억하고 있습니다. 하지만 당시의 학문은 지금처럼 철학, 과학, 수학 등의 세부 학문으로 나누어지기 이전이었습니다. 학문 간의 경계가 없이 사유와 탐구의 대상은 인간을 포함한 자연 전체였지요.

위의 세 학자는 학문으로서 수학의 뿌리를 내린 수학자들이기도 했습니다. 특히 소크라테스의 제자였던 플라톤은 피타고라스의 기하학을 재조명해 무리수와 무한에 대한 개념을 후세에 알린 학자이기도 했습니다.

고대 그리스의 수학은 철학이나 천문학, 음악까지 포함한 비교적 넓은 분야로 인식되었습니다. 하지만 그리스의 학자들 중에는 수학을 보다 깊이 연구해 현대 수학에 지대한 영향을 준 학자들이 있었습니다. 피타고라스, 유클리드, 아르키메데스와 같은 인물들이지요.

이들이 체계적으로 발전시킨 '수학'이 2000년이 넘는 시간 차이를 두고 현대인들과 연결되어 있습니다. 고대 그리스 수학이 현대 수학에 미친 영향을 피타고라스, 플라톤, 유클리드, 아르키메데스의 순으로 살펴보겠습니다. 학자들이 생존했던 시간 순입니다.

피타고라스

피타고라스는 고대 그리스 초창기의 수학자입니다. 그의 이름을 딴 유명한 정리가 있지요. '피타고라스 정리'입니다. 중학교 수학에서 비중 있게 다루기 때문에 피타고라스는 아마도 우리에게 가장 익숙한 수학자일 것입니다.

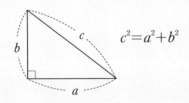

$$c^2 = a^2 + b^2$$

위 그림에서 피타고라스 정리를 확인할 수 있습니다. 피타고라스의 정리는 우리에게 직각삼각형의 세 변 사이의 관계를 보여줍니다. 직각을 사이에 두고 있는 두 변 길이 a와 b의 제곱의 합은 가장 긴 변인 c의 제곱과 같습니다.

자연계에 존재하는 모든 직각삼각형에 적용되는 식입니다. 고대 그리스인들과 현대의 우리는 위에 있는 직각삼각형을 보면서 동시에 피타고라스의 정리를 생각할 수 있습니다.

고대 그리스인들은 모든 직각삼각형에서 세 변 사이의 관계식이 성립한다는 것을 알고 희열을 느꼈을 것입니다. 하지만 그들이 이룩해놓은 수학적 발견은 우리에게 너무도 익숙한 나머지 시시할 수도 있습니다. 우리는 단지 관계식을 외우고 변의 길이를 빈칸으로 만들어 놓은 문제 풀이를 하는 것에 만족할지도 모르겠습니다.

고대 그리스의 후손들은 피타고라스를 기리기 위하여 그의 고향인 그리스 사모스 섬에 직각삼각형 모양의 기념탑을 세웠습니다. 피타고라스의 직각삼각형이 푸른 바다 옆에 당당하게 서 있습니다.

피타고라스 기념탑
(출처: natureofmathematics.wordpress.com)

플라톤

피타고라스와 그 제자들의 연구 결과는 이후 플라톤의 주목을 받게 됩니다. 위대한 철학자로 알려진 플라톤은 기원전 387년 아테네 근교에 아카데미아Academia라는 학교를 세우고 후학을 양성했습니다.

아카데미아는 서기 529년 그리스를 지배한 동로마 제국에 의해 폐교될 때까지 900여 년을 고대 그리스 지성의 상아탑 역할을 했습니다. 플라톤은 아카데미아의 원장으로서 재직 기간에 서양 정치사를 통틀어 가장 중요한 책으로 손꼽히고 있는 《국가》를 집필했습니다.

아카데미아의 정문에는 "기하학을 모르는 자는 이곳에 들어오지 말라"라는 간판이 걸려 있었다고 합니다. 기하학은 도형을 다루는 수학의 한 분야이며, 아카데미아의 필수 과목이었습니다. 고대 그리스 학문에서 수학이 차지하고 있던 비중이 상당히 컸다는 사실을 짐작할 수 있습니다.

플라톤은 $\sqrt{2}$와 같은 무리수를 공식적으로 다루었습니다. 무리수는 두 정수의 비율로 나타낼 수 없는 수입니다. 플라톤 이전의 피타고라스는 무리수의 존재를 알고 있었지만, 두 정수의 비로 나타낼 수 있는 수, 즉 유리수만을 수로 인정했습니다. 하지만 플라톤과 그의 제자들은 피타고라스가 애써 외면했던 무리수의 문제들을 해결하면서 기하학을 더 발전시킬 수 있었습니다.

무리수는 선분으로 나타낼 수 있습니다. 플라톤은 무리수를 선분에 대응시켰습니다. 한 변의 길이가 1인 정사각형의 대각선의 길이인 $\sqrt{2}$를 소수로 표현하면 순환하지 않는 무한소수가 나옵니다. 하지만, 종이 위의 정사각형에서 표시는 가능하지요.

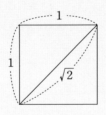

수와 양을 각각 다른 관점에서 바라볼 수 있게 된 것입니다. 플라톤을 통해 수는 기하학이라는 더 큰 맥락에서 연구되기 시작했습니다.

유클리드

아카데미아에서 배출한 플라톤의 수많은 제자들 중에서 후대에 가장 많은 영향을 준 기하학자는 유클리드입니다. 그가 저술한 기하학 《원론》은 20세기 초까지 성경 다음으로 많이 인쇄되어 팔린 책으로 기록되고 있습니다.

유클리드는 수를 직선의 선분으로 해석한 플라톤의 관점을 그대로 계승했습니다. 총 13권으로 구성된 《원론》은 평면기하, 입체기하는 물론이고, 정수론의 내용까지 다루고 있습니다.

특히 피타고라스 정리의 증명과 피타고라스의 수를 만드는 공식은 물론이고 특히 5권과 10권은 피타고라스 학파가 최초로 발견했던 무리수에 대한 논리적인 내용이 수록된 가장 흥미로운 부분입니다.

결국 《원론》은 당시 피타고라스와 플라톤과 같은 학자들에 의해 이미 오래 축적되어 있던 다량의 수학 지식을 집대성한 저술이었던 셈입니다. 유클리드는 수많은 명제들이 왜 성립하는지를 논리적인 추론을 통해 체계적으로 보여준 최초의 인물이라고 할 수 있습니다.

고대 그리스의 세 수학자, 피타고라스, 플라톤, 유클리드에 대해 살펴봤는데요. 고대 그리스 기하학은 우리에게 아주 익숙한 내용입니다. 왜냐하면 우리가 중학교에서 배우는 평면기하학은 대부분 고대 그리스 기하학이기 때문입니다. 2000년의 시간을 두고 같은 내용을 공부하는 것이죠.

아테네 학당(Scuola di Atene), 라파엘로(1483~1520)

바티칸 궁전 2층에 위치한 라파엘로의 방Stanze di Raffaello은 로마의 명소 중 하나입니다. 이탈리아 르네상스 시대의 거장인 라파엘로가 교황 율리우스 2세의 방에 그린 생애 대표작, 〈아테네 학당Scuola di Atene〉이 있는 공간이기 때문입니다. 교황의 개인 집무실을 장식한 벽화 그림에서 고대 그리스를 대표하는 54명의 학자들이 깊은 사색을 하거나 서로 토론하는 모습을 확인할 수 있습니다.

그림은 둥근 아치 형태를 배경으로 원근법을 적용했기 때문에 등장인물이 많지만 산만하지 않고 웅장한 느낌이 납니다. 플라톤과 아리스토텔레스가 중앙에 있으며, 피타고라스가 왼쪽 아래에서 책을 읽고 있습니다. 유클리드는 오른쪽 아랫부분에 있습니다. 종이를 땅 위에 놓고 자와 컴퍼스를 이용해 열심히 기하를 가르치고 있습니다. 그림 속에서 고대 그리스의 거장들을 한번 찾아보시겠어요?

아르키메데스

기하학의 대가 유클리드의 제자인 아르키메데스에 대해 알아보겠습니다. 아르키메데스는 왕의 왕관이 순금인지 아닌지 구별할 수 있는 방법을 찾은 일화로 유명합니다. 당시 "유레카"를 외치며 목욕탕을 뛰쳐나왔다고 하지요.

아르키메데스는 고대 그리스에서 가장 뛰어난 수학자 가운데 한 명으로 평가받고 있습니다. 특히 그는 무한에 대한 이해를 상당 부분 진전시켰습니다. 우리가 알고 있는 원주율은 무리수이지요.

당시만 해도 원의 지름과 원주의 길이를 직접 측정해 원주율의 어림값을 구했지만, 아르키메데스는 구분구적법의 원리로 원주율을 비교적 정확하게 측정했습니다. 그는 더 나아가 이 원리를 이용해 포물선으로 둘러싸인 도형의 넓이를 계산했습니다. 무한을 수학적으로 다룬 것이죠.

아르키메데스의 연구 결과는 후배 수학자들에게 훌륭한 수학적 아이디어를 제공해주었는데, 특히 적분론의 발전에 영향을 주면서 수학사에 큰 공헌을 했습니다.

아르키메데스의 묘에는 다음과 같은 그림이 새겨 있다고 합니다.

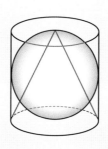

아르키메데스는 원기둥에 내접하고 있는 원뿔과 구에 대하여 원뿔의 부피 : 구의 부피 : 원기둥의 부피의 비가 신기하게도 아주 간단한 세 자연수의 비 1 : 2 : 3으로 표현된다는 사실을 발견했습니다.

우리는 수와 문자를 이용해 쉽게 확인할 수 있습니다. 반지름이 r이고 높이가 $2r$인 원기둥에 구와 원뿔이 내접해 있다고 생각해봅시다.

원뿔의 부피는 $\frac{1}{3} \times \pi r^2 \times 2r = \frac{2}{3}\pi r^3$, 구의 부피는 $\frac{4}{3}\pi r^3$, 원기둥의 부피는 $\pi r^2 \times 2r = 2\pi r^3$입니다.

즉 $\frac{2}{3}\pi r^3 : \frac{4}{3}\pi r^3 : 2\pi r^3 = 1 : 2 : 3$인 것이죠. 아르키메데스는 우리가 간단한 계산으로 확인할 수 있는 사실을 수나 문자없이 발견했던 것인데요. 아르키메데스가 간단한 자연수의 비를 발견하고 얼마나 놀랐을까요?

찬란한 문명을 꽃피웠던 고대 그리스 시대의 학자 중 몇 명의 수학자들에 대해 살펴봤습니다. 고대 그리스 수학을 살펴본 이유는 서양 문명사에 흐르고 있는 근본 철학이 현대 수학의 저변에 숨 쉬고 있기 때문입니다. 고대 그리스의 수학이야말로 중세시대를 거쳐 근대와 현대에 잘 전달되어 지금 우리가 배우고 있는 수학의 전형이 되었습니다.

또 다른 관점에서 서양의 르네상스 이후 수학의 발전은 고대 그리스 수학이 없었으면 불가능했기 때문에 고대 그리스의 수학이 중요하답니다.

고대 그리스 수학의 정신은 현대 수학에 스며 있으며, 지금도 살아 숨 쉬고 있습니다.

수학 시험 잘 보는 법
(기본편)

학교 현장에 있으면 수업 시간에 공부를 열심히 하지만 시험 점수가 잘 나오지 않아 고민하는 친구들을 자주 보게 됩니다. 개념은 알고 있지만 문제 풀이를 잘하지 못하거나 이미 비슷한 문제를 풀어봤음에도 불안한 마음에 실력 발휘를 다하지 못하기도 합니다. 이런 모습들을 볼 때마다 안타까운 마음이 듭니다.

시험 점수가 낮은 원인은 학생 수만큼이나 다양합니다. 또한 시험을 잘 보는 방법도 수없이 존재하지요. 하지만 몇 가지 유형으로 분류할 수 있는데요. 여기서는 세 가지 정도로 범주를 나누어 살펴보고, 이 책이 어떤 도움을 줄 수 있는지 알려드리겠습니다.

고독하게 혼자서 종이에 직접 손으로 문제를 풀어라

많은 학생은 학교 수업 시간이나, 학원 등에서 선생님이 풀어주는 문제를 눈으로 감상합니다. 선생님은 이미 알고 있는 길을 학생 손을 잡고 같이 가는 겁니다. 학생들은 가만히 앉아서 고개를 끄덕이지요. 그런데 시간이 흐른 뒤 혼자 문제를 풀려고 할 때, 도저히 풀리지 않는 경우가 매우 많습니다. 내가 직접 문제를 풀어보는 것과 누군가의 풀이를 감상하는 것은 우리의 기억에 작용하는 방식이 다릅니다.

혼자 공부하는 시간이 필요합니다. 철저하게 고독과 싸워야 합니다. 하지만 혼자 공부할 때도 눈으로 공부하면 안 됩니다. 문제와 풀이 과정을 직접 손으로 써봐야 합니다. 무한한 수와 아름다운 자연의 세계를 종이와 펜을 이용해 직접 느껴보십시오. 눈이 아닌 손으로 기억해야 한다는 것을 명심하기 바랍니다.

이 책에 나오는 핵심 개념과 문제들을 직접 손으로 써가면서 익히기 바랍니다. 그렇게 하면 중학교 수학 전체를 짧은 시간에 개관할 수 있습니다. 교과서나 참고서를 같이 놓고 보기 바랍니다. 다만 교과서에 있는 문제나 참고서의 문제들은 모두 종이에 직접 써서 풀어봐야 합니다.

무조건 딱 한 권만 처음부터 끝까지 풀어봐라

혼자 공부를 하려고 책상에 앉았습니다. 도대체 무엇을 어떻게 해야 할까요? 선생님과 같이 할 때는 하지 않았던 고민입니다. 수학을 잘하고 싶지만, 어떻게 해야 할지 잘 모르는 학생들이 많습니다. 혼자서 공부 계획을 세우고 조금씩 성장하는 기쁨을 경험해봐야 합니다.

먼저 쉬운 수학 책을 딱 한 권만 사서 처음부터 끝까지 직접 손으로 풀어보는 것을 추천합니다. 학교에서 배우는 수학 교과서도 무방합니다. 학교에서 수업 시간에 보는 교과서와는 별도로 혼자 공부하는 교과서를 준비해야 합니다. 쉬운 수학 문제들을 통해 작은 성공을 반복하다 보면 자신감이 생깁니다. 무조건 딱 한 권입니다. 처음부터 끝까지 풀었다면, 이제 드디어 수학의 세계로 문을 열고 들어온 겁니다.

시중에는 참고서가 많이 있습니다. 서점으로 가셔서 내용과 책의 형식을 잘 살펴보시고 끝까지 내 손으로 직접 풀 수 있겠다고 생각이 드는 것을 고르십시오. 책을 사는 순간부터 역사가 시작됩니다.

문제 풀이를 통해 수학 개념을 학습하라

수학 개념을 많이 알고 있는 것과 시험을 잘 보는 것은 별개의 문제입니다. 즉 정확하고 분명하게 알고 있는 수학 개념이 시험에서 고득점을 보장해주지 못한다는 것이죠. 개념과 지식을 올바로 알고 있어도 문제로 보면 또 느낌이 다릅니다.

보통 학교에서는 수학 개념이나 지식, 법칙을 먼저 가르치고, 그 다음에 배운 지식을 적용할 수 있는 문제 풀이가 이어집니다. 순서를 바꿔보는 것은 어떨까요? 문제 먼저 보고, 문제를 해결하는 데 필요한 수학 개념을 찾아보는 것이죠. 즉 문제를 통해서 학습할 개념을 탐색해보는 과정인데, 이와 같은 수학 학습법은 문제 해결 연구의 권위자였던 슈뢰더와 레스터가 제시한 '문제 해결을 통한 수학 학습'입니다.

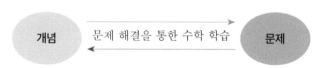

기존의 학습 방법이 위의 그림에서 초록색 화살표 방향이었다면, '문제 해결을 통한 수학 학습' 방법은 회색 화살표가 됩니다. 회색 방향으로 수학 학습을 한 학생들은 문제를 푸는 상황에서 필요한 수학 개념과 지식을 기억에서 잘 이끌어냅니다.

여러분도 이제 문제를 풀기 위해서 개념을 적용한다기보다는 문제를 풀면서 적용할 수 있는 수학 지식이나 개념을 떠올리는 방식으로 공부를 해보세요. 연습을 꾸준히 하다 보면, 시험을 볼 때도 문제와 관련된 개념이 잘 생각날 겁니다. 당연히 문제를 많이 풀어봐야 하겠지요?

싱가포르는 국제수학학업성취도 평가에서 늘 1위입니다. 2위와의 점수 차이가 꽤 크게 납니다. 그 이유가 무엇일까요? 이곳의 현지 학생들은 문제를 많이 풀어봅니다. 문제를 풀면서 수학 개념 학습도 저절로 되는 것이지요.

수학 시험 잘 보는 방법 세 가지를 알려드렸습니다. 여러분이 혼자서 고독하게 공부할 때, 이 책을 옆에 두고 수학을 잘하는 친구라고 생각하십시오. 특히 강의마다 제시한 '수학 발견술'을 꼭 기억해두고 수학 문제 풀이를 할 때마다 꺼내 써야 합니다. 이 책과 함께 출간된 《10일 수학 고등편》에 수학 시험 고득점의 비밀이 몇 가지 더 나와 있습니다. 관심 있는 분들은 참고하시기 바랍니다.

10일 수학 중등편

초판 1쇄 발행   2021년 7월 23일

지은이   반은섭
책임편집   정일웅
디자인   고영선 김은희

펴낸곳   (주)바다출판사
발행인   김인호
주소   서울시 마포구 어울마당로5길 17 5층(서교동)
전화   322-3675(편집), 322-3575(마케팅)
팩스   322-3858
E-mail   badabooks@daum.net
홈페이지   www.badabooks.co.kr

ISBN   979-11-6689-028-4 43410